李叔同的
禅语与修

李叔同 著

译林出版社

目录

如是我闻

吾人欲得诸事顺遂、身心安乐之果报者，应先力修善业，以种善因。

佛自扫地

养正院从开办到现在，已是一年多了。外面的名誉很好，这因为由瑞金法师主办，又得各位法师热心爱护，所以能有这样的成绩。

我这次到厦门，得来这里参观，心里非常欢喜。各方面的布置都很完美，就是地上也扫得干干净净的，这样，在别的地方，很不容易看到。

我在泉州草庵大病的时候，承诸位写一封信来，各人都签了名，慰问我的病状；并且又承诸位念佛七天，代我忏悔，还有像这样别的事，都使我感激万分！

再过几个月，我就要到鼓浪屿日光岩，去方便闭关了。时期大约颇长久，怕不能时时会到，所以特地发心来和诸位叙谈叙谈。

今天所要和诸位谈的，共有四项：一是惜福，二是习劳，三是持戒，四是自尊，都是青年佛徒应该注意的。

一、惜福

“惜”是爱惜，“福”是福气。就是我们纵有福气，也要加以爱惜，切不可把它浪费。诸位要晓得：末法时代，人的福气是很微薄的；若不爱惜，将这很薄的福享尽了，就要受莫大的痛苦。古人所说“乐极生悲”，就是这意思啊！我记得从前小孩子的时候，我父亲请人写了一副大对联，是清朝刘文定公的句子，高高地挂在大厅的抱柱上，上联是“惜食惜衣，非为惜财，缘惜福”。我的哥哥时常教我念这句子，我念熟了，以后凡是临到穿衣或是饮食的当儿，我都十分注意，就是一粒米饭，也不敢随意糟掉。而且我母亲也常常教我，身上所穿的衣服，当时时小心，不可损坏或污染。这因为母亲和哥哥怕我不爱惜衣食，损失福报，以致短命而死，所以常常这样叮嘱着。

诸位可晓得，我五岁的时候，父亲就不在世了！七岁我练习写字，拿整张的纸瞎写，一点不知爱惜。我母亲看到，就正颜厉色地说：“孩子！你要知道呀！你父亲在世时，莫说这样大的整张的纸不肯糟蹋，就连寸把长的纸条，也不肯随便丢掉哩！”母亲这话，也是惜福的意思啊！

我因为有这样的家庭教育，深深地印在脑里，后来年纪大了，也没一时不爱惜衣食。就是出家以后，一直到现在，也还保守着这样的习惯。诸位请看我脚上穿的一双黄鞋子，

天津李叔同故居

还是民国九年在杭州时候，一位打念七佛的出家人送给我的。又诸位有空，可以到我房间里来看看，我的棉被面子，还是出家以前所用的；又有一把洋伞，也是民国初年买的。这些东西，即使有破烂的地方，请人用针线缝缝，仍旧同新的一样了。简直可尽我形寿受用着哩！不过，我所穿的小衫裤和罗汉草鞋一类的东西，却须五六年一换。除此以外，一切衣物，大都是在家时候或是初出家时候制的。

从前常有人送我好的衣服或别的珍贵之物，但我大半都转送别人。因为我知道我的福薄，好的东西是没有胆量受用的。又如吃东西，只生病时候吃一些好的，除此以外，从不敢随便乱买好的东西吃。

惜福并不是我一个人的主张，就是净土宗大德印光老法师也是这样，有人送他白木耳等补品，他自己总不愿意吃，转送到观宗寺去供养谛闲法师。别人问他：“法师！你为什么不吃好的补品？”他说：“我福气很薄，不堪消受。”

他老人家——印光法师，性情刚直，平常对人只问理之当不当，情面是不顾的。前几年有一位皈依弟子，是鼓浪屿有名的居士，去看望他，和他一道吃饭。这位居士先吃好，老法师见他碗里剩落了一两粒米饭，于是就很不客气地大声呵斥道：“你有多大福气，可以这样随便糟蹋饭粒！你得把它吃光！”

印光法师

诸位！以上所说的话，句句都要牢记。要晓得：我们即使有十分福气，也只好享受二三分，所余的可以留到以后去享受。诸位或者能发大心，愿以我的福气布施一切众生，共同享受，那更好了。

二、习劳

“习”是练习，“劳”是劳动。现在讲讲习劳的事情：

诸位请看看自己的身体，上有两手，下有两脚，这原为劳动而生的。若不将他运用习劳，不但有负两手、两脚，就是对于身体也一定有害无益的。换句话说：若常常劳动，身体必定康健。而且我们要晓得：劳动原是人类本分上的事，不唯我们寻常出家人要练习劳动，即使到了佛的地位，也要常常劳动才行，现在我且讲讲佛劳动的故事：

所谓佛，就是释迦牟尼佛。在平常人想起来，佛在世时，总以为同现在的方丈和尚一样，有衣钵师、侍者师常常侍候着，佛自己不必做什么；但是不然，有一天，佛看到地下不很清洁，自己就拿起扫帚来扫地。许多大弟子见了，也过来帮扫，不一时，把地扫得十分清洁。佛看了欢喜，随即到讲堂里去说法，说道：“若人扫地，能得五种功德……”

又有一个时候，佛和阿难出外游行，在路上碰到一个喝醉了酒的弟子，已醉得不省人事了；佛就命阿难抬脚，自己抬头，一直抬到井边，用桶汲水，叫阿难把他洗濯干净。

有一天，佛看到门前木头做的横楣坏了，自己动手去修补。

有一次，一个弟子生了病，没有人照应。佛就问他说："你生了病，为什么没人照应你？"那弟子说："从前人家有病，我不曾发心去照应他；现在我有病，所以人家也不来照应我了。"佛听了这话，就说："人家不来照应你，就由我来照应你吧！"就将那病弟子大小便种种污秽，洗濯得干干净净；并且还将他的床铺，理得清清楚楚，然后扶他上床。由此可见，佛是怎样的习劳了。佛决不像现在的人，凡事都要人家服劳，自己坐着享福。这些事实，出于经律，并不是凭空说说的。

现在我再说两桩事情，给大家听听：《弥陀经》中载着的一位大弟子——阿楼陀，他双目失明，不能料理自己。佛就替他裁衣服，还叫别的弟子一道帮着做。

有一次，佛看到一位老年比丘眼睛花了，要穿针缝衣，无奈眼睛看不清楚，嘴里叫着："谁能替我穿针呀！"佛听了立刻答应说："我来替你穿。"

以上所举的例，都足证明佛是常常劳动的。我盼望诸位，也当以佛为模范，凡事自己动手去做，不可依赖别人。

三、持戒

"持戒"二字的意义，我想诸位总是明白的吧！我们不说修到菩萨或佛的地位，就是想来生再做人，最低的限度，也要能持五戒。可惜现在受戒的人虽多，只是挂个名而已，切切实实能持戒的却很少。要知道：受戒之后，若不持戒，所犯的罪，比不受戒的人要加倍的大，所以我时常劝人不要随便受戒。至于现在一般传戒的情形，看了真痛心，我实在说也不忍说了！我想最好还是随自己的力量去受戒，万不可敷衍门面，自寻苦恼。

戒中最重要的，不用说是杀、盗、淫、妄，此外还有饮酒、食肉，也易惹人讥嫌。至于吃烟，在律中虽无明文，但在我国习惯上，也很容易受人讥嫌的，总以不吃为是。

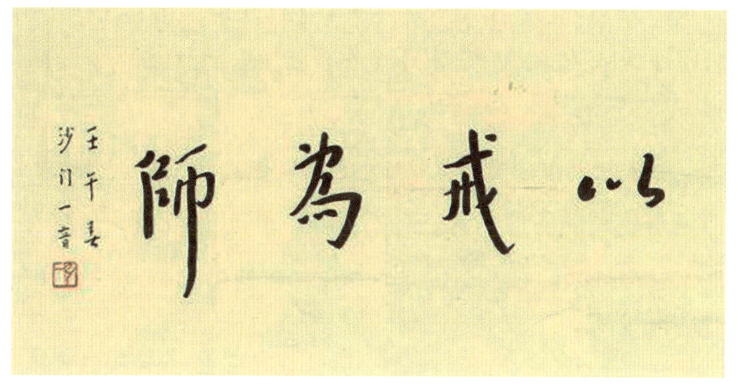

李叔同书法——以戒为师

四、自尊

“尊”是尊重，“自尊”就是自己尊重自己。可是人都喜欢人家尊重我，而不知我自己尊重自己；不知道要想人家尊重自己，必须从我自己尊重自己做起。怎样尊重自己呢？就是自己时时想着：我当做一个伟大的人，做一个了不起的人。比如我们想做一位清净的高僧吧，就拿《高僧传》来读，看他们怎样行，我也怎样行，所谓“彼既丈夫我亦尔”。又比方我想将来做一位大菩萨，那末，就当依经中所载的菩萨行，随力行去。这就是自尊。但自尊与贡高不同。贡高是妄自尊大，目空一切的胡乱行为。自尊是自己增进自己的德业，其中并没有一丝一毫看不起人的意思。

诸位万万不可以为自己是一个小孩子，是一个小和尚，一切不妨随便些；也不可说我是一个平常的出家人，哪里敢希望做高僧、做大菩萨？凡事全在自己做去，能有高尚的志向，没有做不到的。

诸位如果作这样想：“我是不敢希望做高僧、做大菩萨的。”那做事就随随便便，甚至自暴自弃，走到堕落的路上去了，那不是很危险的么？诸位应当知道：年纪虽然小，志气却不可不高啊！

我还有一句话，要向大家说。我们现在依佛出家，所处的地位是非常尊贵的，就以剃发、披袈裟的形式而论，也是人天师表，国王和诸天人来礼拜，我们都可端坐而受。你们知道这道理么？自今以后，就当尊重自己，万万不可随便了。

以上四项，是出家人最当注意的，别的我也不多说了。我不久就要闭关，不能和诸位时常在一块儿谈话，这是很抱歉的。但我还想在关内讲讲律，每星期约讲三四次，诸位碰到例假，不妨来听听！

今天得和诸位见面，我非常高兴。我只希望诸位把我所讲的四项，牢记在心，作为永久的纪念！

时间讲得很久了，费诸位的神。抱歉！抱歉！

（本文为弘一法师1936年2月讲于厦门南普陀寺佛教养正院）

为法舍身

我到闽南已有十年，来到贵院也有好几回。一回到院，都觉得有一番进步，这是使我很喜欢的。贵院各种课程，都有可观，其最使我满意赞叹的，就是早晚两堂课诵。古语道：人身难得，佛法难闻。诸生倘非夙有善根，怎得来这里读书，又复得闻佛法呢？今这样真是好极了！诸生得这难得机缘，应各个起欢喜心，深自庆幸才是。

我今讲本师释迦牟尼佛在因地中为法舍身几段故事给诸位听，现在先引《涅槃经》一段来说。

释迦牟尼佛在无量劫前，当无佛法时代，曾作婆罗门。这位婆罗门品格清高，与众不同，发心访求佛法。那时忉利天王在天宫瞧见，要试此婆罗门有无真心，化为罗刹鬼，状极凶恶，来与婆罗门说法，但是仅说半偈（印度古代的习惯以四句为一偈）。婆罗门听了罗刹鬼所说的半偈很喜欢，要求罗刹鬼再说后半偈，罗刹鬼不肯。婆罗门力求，罗刹鬼便向婆罗门道："你要我说后半偈也可以，你应把身上的血给我饮，身上的肉给我吃，才可许你。”婆罗门为求法故，即时答应道：“我甚愿将我身上的血肉给你。”罗刹鬼以婆罗门既然诚恳地允许，便把后半偈说给他听。婆罗门得闻了后半偈，真觉心满意足，不特自己欢喜，并且把这偈书写在各处，遍传到人间去。

龙门石窟佛像

婆罗门在各处树木山岩上书写此四句偈后，为维持信用，便想应如何把自己肉血给罗刹鬼吃呢？他就要跑上一棵很高很高的树上，跳跃下来，自谓可以丧了身命，便将血肉给罗刹鬼吃。罗刹鬼那时看婆罗门不惜身命求法，心中十分感动。当婆罗门在高处舍身跃下，未坠地时，罗刹鬼便现了天王的原形把他接住——这婆罗门因得不死。罗刹鬼原系忉利天王所化，欲试试婆罗门的，今见婆罗门求法如此诚恳，自然是十分欢喜赞叹。若在婆罗门，因志求无上正法，虽弃舍身命，亦何所顾惜呢！

刚才所说，婆罗门如此求法困难，不惜身命。诸位现在不要舍身，而很容易地得闻佛法，真是大可庆幸呀！

还有一段故事，也是《涅槃经》上说。过去无量劫时候，释迦牟尼佛为一很穷困的人，当时有佛出世，见人皆先供养佛，然后求法。己则贫穷，无钱可供，他心生一计，愿以身卖钱来供佛，就到大街上去卖自己的身体。当在大街上喊卖身时，恰巧遇一病人，医生叫他每日应吃三两人肉。那病人看见有人卖身，便十分欢喜，因向贫人说："你每日给我三两人肉吃，我可以给你五枚金钱！"这位穷人听了这话，与那病人商洽说："你先把五枚金钱拿来，我去买东西供养佛，求闻佛法，然后每日把我身上的肉割下给你吃。"当时病人应允，即先付金钱。这穷人供佛闻法已毕，即天天以刀割身上的三两肉给病人吃，吃到一个月，病才痊愈。

当穷人每天割肉的时候，他常常念佛所说的偈，精神完全贯注在法的方面，竟如没有痛苦，而且不久，他的身体也就平复无恙了。这穷人因求法之故，发心做难行的苦行，有如此勇猛。诸生现今在这院里求学，早晚皆得闻佛法，不但每日无须割去若干肉，而且有衣穿，有饭吃，这岂不是很难得的好机缘吗？

再讲一段故事，出于《贤愚经》。释迦牟尼佛在因地时候，有一次身为国王，因厌恶终其身居于国王位，没有什么好处，遂发心求闻佛法。当时来了一位婆罗门，对这国王说："王要闻法，可能把身体挖一千个孔，点一千盏灯来供养佛吗？若能如此，便可为你说法。"那国王听婆罗门这句话，便慨然对他说："这有何难，为要闻法，情愿舍此身命。但我现有些少国事未了，容我七天，把这国事交下着落，便就实行。"到第七天，国事办完，王便欲在身上挖千个孔，点千盏灯，那时全国人民知道此事，都来劝阻。谓"大王身为全国人民所依靠，今若这样牺牲，全国人民将何所赖呢？"国王说："现在你们依靠我，我为你们做依靠，不过是暂时，是靠不住的。我今求得佛法，将来成佛，当先度化你们，可为你们永远的依靠，岂不更好，请大家放心，切勿劝阻。"那时国王马上就实行起来，呼左右将身上挖了一千孔，把油盛好，灯芯安好，欣然对婆罗门说："请先说法，然后点灯。"婆罗门答应，就为他说法。

国王听了，无限地满足，便把身上一千盏灯齐点起来。那时万众惊骇呼号。国王乃发大誓愿道："我为求法，来舍身命。愿我闻法以后，早成佛道，以大智慧光普照一切众生。"这声音一发，大地都震动了，灯光晃耀之下，诸天现前，即问国王："你身体如此痛苦，你心里也后悔吗？"国王答："绝不后悔。"后来国王复向空中发誓言："我这至诚求法之心，果能永久不悔，愿我此身体即刻回复原状。"话说未已，至诚所感，果然身上千个火孔悉皆平复，并无些少创痕。

刚才所说，闻法有如此艰难，诸生现在闻法则十分容易，岂不是诸生有大幸福吗？自今以后，应该发勇猛精进心，勤加修习才是！

以前我曾居住开元寺好几次，即住在贵院的后面，早晚闻诸生念佛念经很如法，音声亦甚好听，每站在房门外听得高兴。因各种课程固好，然其他学校也是有的，独此早晚二堂课诵，是其他学校所无而贵院所独有的。此皆是贵院诸职教员善于教导和你们诸位努力，才有这十分美满的成绩。

我希望贵院今后能够继续精进努力，不断地进步，规模益扩大，为全国慈儿院模范。这是我最后殷勤的希望。

（本文为弘一法师1938年3月13日于泉州开元寺慈儿院所作的讲演）

佛法非厌世

欲挽救今日之世道人心，人皆知推崇佛法。但对于佛法而起之疑问，亦复不少。故学习佛法者，必先解释此种疑问，然后乃能着手学习。

以下所举十疑及解释，大半采取近人之说而叙述之，非是讲者之创论。所疑固不限此，今且举此十端耳。

南海观世音菩萨

一、佛法非迷信

近来智识分子，多批评佛法谓之“迷信”。

我辈详观各地寺庙，确有特别之习惯及通俗之仪式，又将神仙鬼怪等混入佛法之内，谓是佛法正宗。既有如此奇异之现相，也难怪他人谓佛法是“迷信”。

但佛法本来面目则不如此，决无崇拜神仙鬼怪等事。其仪式庄严，规矩整齐，实超出他种宗教之上。又佛法能破除世间一切迷信而与以正信，岂有佛法即是迷信之理?

故知他人谓佛法为迷信者，实由误会。倘能详察，自不至有此批评。

二、佛法非宗教

或有人疑佛法为一种宗教。此说不然。

佛法与宗教不同，近人著作中常言之，兹不详述。应知佛法实不在宗教范围之内也。

三、佛法非哲学

或有人疑佛法为一种哲学。此说不然。

哲学之要求，在求真理，以其理智所推测而得之某种条件即谓为真理。其结果，有一元、二元、唯心、唯物种种之说。甲以为理在此，乙以为理在彼，纷纭扰攘，相非相谤。但彼等无论如何尽力推测，总不出于错觉一途。譬如盲人摸象，其生平未曾见象之形状，因其所摸得象之一部分，即谓是为象之全体。故或摸其尾便谓象如绳，或摸其背便谓象如床，或摸其胸便谓象如地。虽因所摸处不同而感觉互异，总而言之，皆是迷惑颠倒之见而已。

若佛法则不然。譬如明眼人能亲见全象，十分清楚，与前所谓盲人摸象者迥然不同。因佛法须亲证“真如”，了无所疑，决不同哲学家之虚妄测度也。

何谓“真如”之意义？真真实实，平等一如，无妄情，无偏执，离于意想分别，即是哲学家所欲了知之宇宙万有之真相及本体也。夫哲学家欲发明宇宙万有之真象及本体，其志诚为可嘉。第太无方法，致罔废心力而终不能达到耳。

以上所说之佛法非宗教及哲学，仅略举其大概。若欲详知者，有南京支那内学院出版之《佛法非宗教非哲学》一卷，可自详研，即能洞明其奥义也。

四、佛法非违背于科学

常人以为佛法重玄想，科学重实验，遂谓佛法违背于科学。

莫高窟佛像

此说不然。

近代科学家持实验主义者，有两种意义：

一是根据眼前之经验，彼如何即还彼如何，毫不加以玄想。

二是防经验不足恃，即用人力改进，以补通常经验之不足。

佛家之态度亦尔，彼之“戒”、“定”、“慧”三无漏学，皆是改进通常之经验。但科学之改进经验重在客观之物件，佛法之改进经验重在主观之心识。如人患目病，不良于视，科学只知多方移置其物以求一辨，佛法则努力医治其眼以求复明。两者虽同为实验，但在治标、治本上有不同耳。

关于佛法与科学之比较，若欲详知者，乞阅上海开明书店代售之《佛法与科学之比较研究》。著者王小徐，曾留学英国，在理工专科上迭有发见，为世界学者所推重。近以其研究理工之方法，创立新理论解释佛学，因著此书也。

李叔同书法

五、佛法非厌世

常人见学佛法者，多居住山林之中，与世人罕有往来，遂疑佛法为消极的、厌世的。此说不然。

学佛法者，固不应迷恋尘世以贪求荣华富贵，但亦决非是冷淡之厌世者。因学佛法之人皆须发“大菩提心”，以一般人之苦乐为苦乐，抱热心救世之弘愿，不唯非消极，乃是积极中之积极者。虽居住山林中，亦非贪享山林之清福，乃是勤修“戒”、“定”、“慧”三学以预备将来出山救世之资具耳。与世俗青年学子在学校读书为将来任事之准备者，甚相似。

由是可知谓佛法为消极厌世者，实属误会。

六、佛法非不宜于国家之兴盛

近来爱国之青年，信仰佛法者少。彼等谓佛法传自印度，而印度因此衰亡，遂疑佛法与爱国之行动相妨碍。此说不然。

佛法实能辅助国家，令其兴盛，未尝与爱国之行动相妨碍。印度古代有最信仰佛法之国王，如阿育王、戒日王等，以信佛故，而统一兴盛其国家。其后婆罗门等旧教复兴，佛法渐无势力，而印度国家乃随之衰亡，其明证也。

七、佛法非能灭种

常人见僧尼不婚不嫁，遂疑人人皆信佛法必致灭种。此说不然。

信佛法而出家者，乃为僧尼，此实极少之数。以外大多数之在家信佛法者，仍可婚嫁如常。佛法中之僧尼，与他教之牧师相似，非是信徒皆应为牧师也。

八、佛法非废弃慈善事业

常人见僧尼唯知弘扬佛法，而于建立大规模之学校、医院、善堂等利益社会之事未能努力，遂疑学佛法者废弃慈善事业。此说不然。

依佛经所载，布施有二种：一曰财施，二曰法施。出家之佛徒，以法施为主，故应多致力于弘扬佛法，而以余力提倡他种慈善事业。若在家之佛徒，则财施与法施并重，故在家居士多努力作种种慈善事业。近年以来各地所发起建立之佛教学校、慈儿院、医院、善堂、修桥、造凉亭，乃至施米、施衣、施钱、施棺等事，皆时有所闻，但不如他教仗外国慈善家之财力所经营者规模阔大耳。

九、佛法非是分利

近今经济学者，谓人人能生利，则人类生活发达，乃可共享幸福。因专注重于生利。遂疑信仰佛法者，唯是分利而不生利，殊有害于人类。此说亦不免误会。

若在家人信仰佛法者，不碍于职业，士农工商皆可为之。此理易明，可毋庸议。若出家之僧尼，常人观之，似为极端分利而不生利之寄生虫。但僧尼亦何尝无事业，僧尼之事业即是弘法利生。倘能教化世人，增上道德，其间接直接有真实大利益于人群者，正无量矣。

十、佛法非说空以灭人世

常人因佛经中说“五蕴皆空”、“无常苦空”等，因疑佛

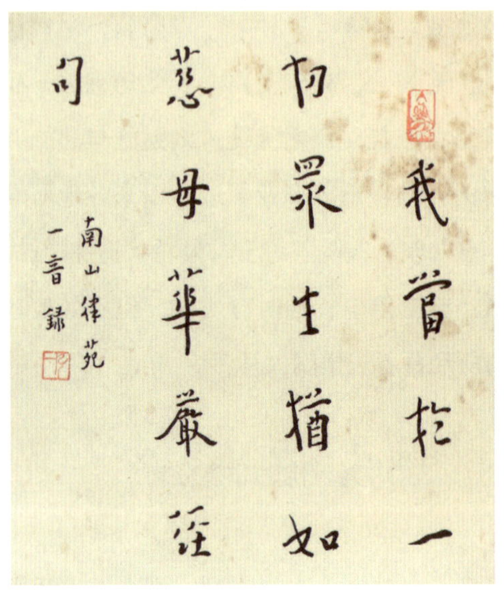

李叔同书法

法只一味说空。若信佛法者多，将来人世必因之而消灭。此说不然。

大乘佛法，皆说“空”及“不空”两方面。虽有专说“空”时，其实亦含有“不空”之义。故须兼说“空”与“不空”两方面，其义乃为完足。

何谓“空”及“不空”？“空”者是无我，“不空”者是救世之事业。虽知无我，而能努力做救世之事业，故空而不空。虽努力做救世之事业，而决不执着有我，故不空而空。如是真实了解，乃能以无我之伟大精神，而做种种之事业无有障碍也。

又若能解此义，即知常人执着我相而做种种救世事业者，其能力薄、范围小、时间促、不彻底。若欲能力强、范围大、时间久、最彻底者，必须于佛法之“空”义十分了解，如是所做救世事业乃能圆满成就也。

故知所谓“空”者，即是于常人所执着之我见打破消灭，一扫而空。然后以无我之精神，努力切实做种种之事业。亦犹世间行事，先将不良之习惯等一一推翻，然后良好之建设乃得实现。

信能如此，若云牺牲，必定真能牺牲；若云救世，必定真能救世。由是坚坚实实，勇猛精进而做去，乃可谓伟大，乃可谓彻底。

所以真正之佛法，先须向“空”上立脚，而再向“不空”上做去。岂是一味说空而消灭人世耶！

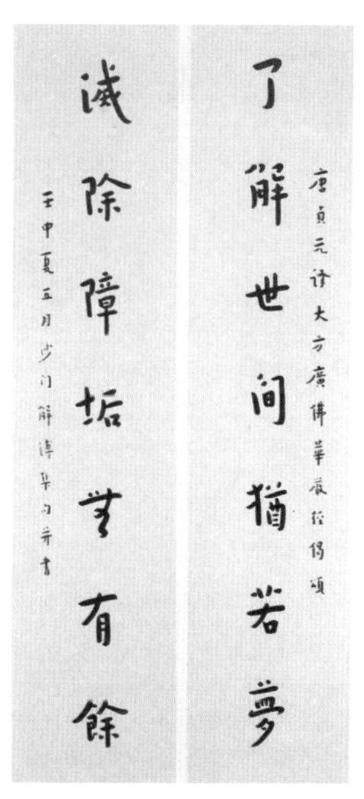

李叔同书法

以上所说之十疑及释义，多是采取近人之说而叙述其大意。诸君闻此，应可免除种种之误会。

若佛法中之真义，至为繁广，

今未能详说。唯冀诸君从此以后，发心研究佛法，请购佛书，随时阅览，久之自可洞明其义。是为余所厚望焉。

（本文原名《佛法十疑略释》，为弘一法师1938年11月27日讲于福建安海金墩宗祠）

佛教传入中国，已有一千九百多年的历史，所以佛教与中国的关系非常密切。中国的文化、习俗，影响佛教，佛教也影响了中国文化习俗，佛教已成为我们自己的佛教。但佛教是来于印度，印度的文化特色，有些是中国人所不易明了的，受了中国习俗的影响，有些是不合佛教的本意的，所以佛教在中国，信佛法的与不相信佛法的人，对于佛教，每每有些误会，不明佛教本来的意义，发生错误的见解，因此相信佛法的人，不能正确的信仰，批评佛教的人，也不会批评到佛教本身。我觉得信仰佛教或者怀疑评论佛教的人，对于佛教的误解应该先要除去，才能真正的认识佛教。现在先提出几种重要一点来说，希望大家能有正确的见解。

一、由于佛教教义而来的误解

佛法的道理很深，有的人不明白深义，只懂得表面文章，随便听了几个名词，就这么讲，那么说，结果不合佛教本来的意思。最普遍的，如："人生是苦""出世间""一切皆空"等名词，这些当然是佛说的，而且是佛教重要的理论，但一般人很少能正确了解它，现在分别来解说：

（一）"人生是苦"，佛指示我们，这个人生是苦的。不明白其中的真义的人，就生起错误的观念，觉得我们这个人生毫无意思，因而引起消极悲观，对于人生应该怎样努力向上，就缺乏力量，这是一种被误解得最普遍的，社会一般每拿这消极悲观的名词，来批评佛教，而信仰佛教的，也每陷于消极悲观的错误，其实"人生是苦"这句话，绝不是那样的意思。

凡是一种境界，我们接触的时候，生起一种不合自己意趣的感受，引起苦痛忧虑，如以这个意思来说苦，说人都是苦的，是不够的，为什么呢？因为人生也有很多快乐事情，听到不悦耳的声音固然讨厌，可是听了美妙的音调，不就是欢喜吗？身体有病，家境困苦，亲人别离，当言是痛苦，然而身体健康，经济富裕，合家团圆，不是很快乐吗？无论什么事，苦乐都是相对的，假如遇到不如意的事，就说人生是苦，岂非偏见了。

那么，佛说人生是苦，这苦是什么意义呢？经上说："无常故苦"一切都无常，都会变化，佛就以无常变化的意思说人生都是苦的。譬如身体健康并不永久，会慢慢衰老病死，有钱的也不能永远保有，有时候也会变穷，权位势力也不会持久，最后还是会失掉。以变化无常的情形看来，虽有喜乐，但不永久，没有彻底，当变化时，苦痛就来了。所以佛说人生是苦，苦是有缺陷，不永久，没有彻底的意思。学佛的人，如不了解真义，以为人生既不圆满彻底，就引起消极悲观的态度，这是不对的。真正懂得佛法的，看法就完全不同，要知道佛说人生是苦这句话，是要我们知道现在这人生是不彻底、不永久的，知道以后可以造就一个永久圆满的人生。等于病人，必须先知道有病，才肯请医生诊治，病才会除去，身体就恢复健康一样。为什么人生不彻底不永久而有苦痛呢？一定有苦痛的原因存在，知道了苦的原因，就会尽力把苦因消除，然后才可得到彻底圆满的安乐。所以佛不单单说人生是苦，还说苦有苦因，把苦因除了就可得到究竟安乐。学佛的应照佛所指示的方法去修学，把这不彻底不圆满的人生改变过来，成为一个究竟圆满的人生。这个境界，佛法叫做“常乐我净。”

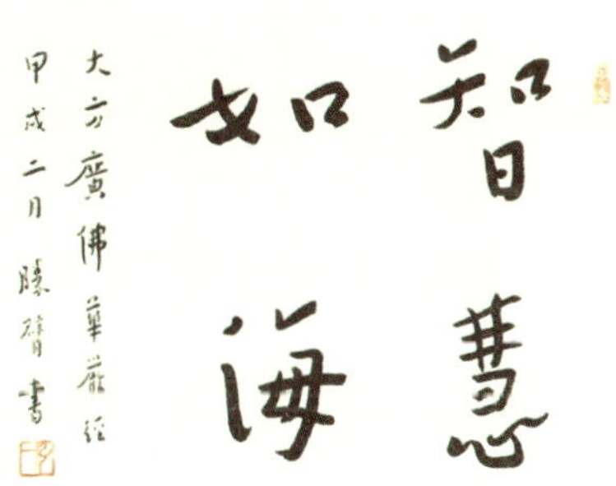

“常”是永久，“乐”是安乐，“我”是自由自在，净是纯洁清净。四个字合起来，就是永久的安乐，永久的自由，永久的纯洁。佛教最大的目标，不单说破人生是苦，而是主要的在于将这苦的人生改变过来，（佛法名为“转依”）造成为永久安乐自由自在纯洁清净的人生。指示我们苦的原因在哪里，怎样向这目标努力去修持。“常乐我净”的境地，即是绝对的最有希望的理想境界，是我们人人都可达到的。这样怎能说佛教是消极悲观呢？

虽然，学佛的不一定能够人人都得到这顶点的境界，但知道了这个道理，真是好处无边。如一般人在困苦的时候，还知努力为善；等到富有起来，一切都忘记，只顾自己享福，糊糊涂涂走向错路。学佛的，不只在困苦时知道努力向上，就是享乐时也随时留心，因为快乐不是永久可靠，不好好向善努力，很快会堕落失败的。人生是苦，可以警觉我们不至于专门研究享受而走向错误的路，这也是佛说人生是苦的一项重要意义。

（二）“出世”佛法说有世间、出世间，可是很多人误会了，以为世间就是我们住的那个世界，出世间就是到另外什么地方去，这是错了，我们每个人在这个世界，就是出了家也在这个世界。得道的阿罗汉、菩萨、佛都是出世间的圣人，但都是在这个世界救渡我们，可见出世间的意思，并不是跑到另外一个地方去。

那么佛教所说的世间与出世间是什么意思呢？依中国向来所说，“世”有时间性的意思，如三十年为一世，西洋也有这个意思，叫一百年为一世纪。所以世的意思就是有时间性的，从过去到现在，现在到未来，在这一时间之内的叫“世间”。佛法也如此，可变化的叫世，在时间之中，从过去到现在，现在到未来，有到没有，好到坏，都是一直变化，变化中的一切，都叫世间。还有，世是蒙蔽的意思，一般人不明过去、现在、未来三世的因果，不知道从什么地方来、要怎样做人、死了要到那里去，不知道人生的意义、宇宙的本性，糊糊涂涂在这三世因果当中，这就做“世间”。

怎样才叫出世呢？出是超过或胜过的意思，能修行佛法，有智慧，通达宇宙人生的真理，心里清净，没有烦恼，体验永恒真理就叫“出世”。佛菩萨都是在这个世界，但他们都是以无比智慧通达真理，心里清净，不像普通人一样。所以“出世间”这个名词，是要我们修学佛法的，进一步能做到人上之人，从凡夫做到圣人，并不是叫我们跑到另外一个世界去。不了解佛法出世的意义的人，误会佛教是逃避现实，因而引起不正当的批评。

（三）“一切皆空”佛说一切皆空，有些人误会了，以为这样也空，那样也空，什么都空，什么都没有，横竖是没有，无意义，这才坏事干，好事也不做，糊糊涂涂地看破一点，生活下去就好了。其实佛法之中空的意义，是有着最高的哲理，诸佛菩萨就是悟到空的真理者。空并不是什么都没有，反而是样样都有，世界是世界，人生是人生，苦是苦，乐是乐，一切都是现成的。佛法之中，明显地说到有邪有正有善，有恶有因有果，要弃邪归正，离恶向善，作善得善果，修行成佛。如果说什么都没有，那我们何必要学佛呢？既然因果、善恶，凡夫圣人样样都有，佛为什么说一切皆空？空是什么意义呢？因缘和合而成，没有实在的不变体，叫空。邪正善恶人生，这一切都不是一成不变实在的东西，皆是依因缘的关系才有的，因为是从因缘而产生，所以依因缘的转化而转化，没有实体所以叫空。举一个事实来说吧，譬如一个人对着一面镜子，就会有一个影子在镜里，怎会有那个影子呢？有镜有人还要借太阳或灯光才能看出影子，缺少一样便不成，所以影子是种种条件产生的，这不是一件实在的物体，虽然不是实体,但所看到的影子,是清清楚楚并非没有。一切皆空，就是依这个因缘所生的意义而说的，所以佛说一切皆空，同时即说一切因缘皆有，不但要体悟一切皆空，还要知道有因有果，有善有恶。学佛的，要从离恶行善、转迷启悟的学程中去证得空性，即空即有，二谛圆融。一般人以为佛法说空，等于什么都没有，是消极是悲观，这都是由于不了解佛法所引起的误会，非彻底纠正过来不可。

（选自弘一法师《切莫误解佛教》）

命有终时

岁次壬申十二月，厦门妙释寺念佛会请余讲演，录写此稿。于时了识律师卧病不起，日夜愁苦。见此讲稿，悲欣交集，遂放下身心，屏弃医药，努力念佛。并扶病起，礼大悲忏，吭声唱诵，长跽经时，勇猛精进，超胜常人。见者闻者，靡不为之惊喜赞叹，谓感动之力有如是剧且大耶。余因念此稿虽仅数纸，而皆撮录古今嘉言及自所经验，乐简略者或有所取。乃为治定，付刊流布焉。弘一演音记。

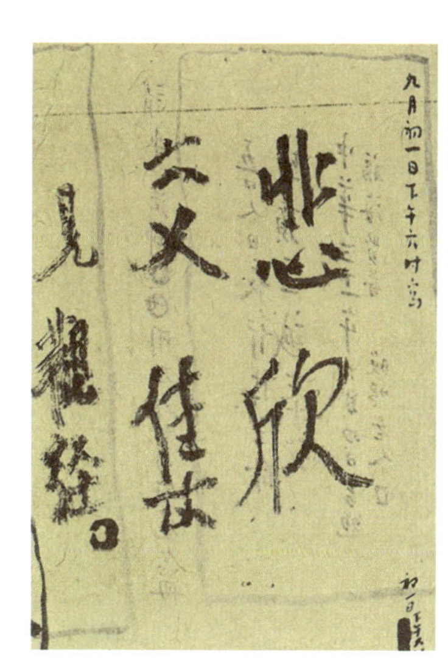

弘一法师遗墨

第一章　绪言

古诗云：“我见他人死，我心热如火；不是热他人，看看轮到我。”

人生最后一段大事，岂可须臾忘耶！今为讲述，次分六章，如下所列。

第二章　病重时

当病重时，应将一切家事及自己身体悉皆放下。专意念佛，一心希冀往生西方。能如是者，如寿已尽，决定往生；如寿未尽，虽求往生而病反能速愈，因心至专诚，故能灭除宿世恶业也。倘不如是放下一切专意念佛者，如寿已尽，决定不能往生，因自己专求病愈不求往生，无由往生故；如寿未尽，因其一心希望病愈，妄生忧怖，不唯不能速愈，反更增加病苦耳。

病未重时，亦可服药，但仍须精进念佛，勿作服药愈病之想。病既重时，可以不服药也。余昔卧病石室，有劝延医服药者，说偈谢云：“阿弥陀佛，无上医王，舍此不求，是谓痴狂。一句弥陀，阿伽陀药，舍此不服，是谓大错。”因平日既信净土法门，谆谆为人讲说；今自患病，何反舍此而求医药，可不谓为痴狂大错耶！

若病重时，痛苦甚剧者，切勿惊惶。因此病苦，乃宿世业障。或亦是转未来三途恶道之苦，于今生轻受，以速了偿也。

自己所有衣服诸物，宜于病重之时，即施他人。若依《地藏菩萨本愿经》《如来赞叹品》所言供养经像等，则弥善矣。

若病重时，神识犹清，应请善知识为之说法，尽力安慰。举病者今生所修善业，一一详言而赞叹之，令病者心生欢喜，无有疑虑，自知命终之后，承斯善业，决定生西。

第三章　临终时

临终之际，切勿询问遗嘱，亦勿闲谈杂话。恐彼牵动爱情，贪恋世间，有碍往生耳。若欲留遗嘱者，应于康健时书写，付人保藏。

倘自言欲沐浴更衣者，则可顺其所欲而试为之。若言不欲，或噤口不能言者，皆不须强为。因常人命终之前，身体不免痛苦。倘强为移动沐浴更衣，则痛苦将更加剧。世有发愿生西之人，临终为眷属等移动扰乱，破坏其正念，遂致不能往生者，甚多甚多。又有临终可生善道，乃为他人误触，遂起嗔心，而牵入恶道者，如经所载阿耆达王死堕蛇身，岂不可畏。

临终时，或坐或卧，皆随其意，未宜勉强。若自觉气力衰弱者，尽可卧床，勿求好看勉力坐起。卧时，本应面西右胁侧卧。若因身体痛苦，改为仰卧，或面东左胁侧卧者，亦任其自然，不可强制。

大众助念佛时，应请阿弥陀佛接引像，供于病人卧室，令彼瞩视。

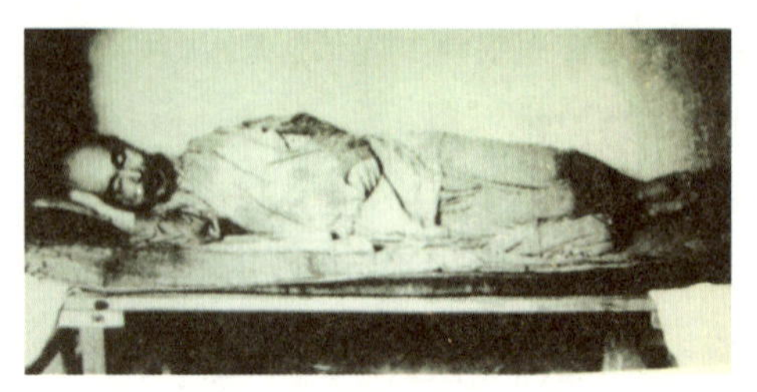

弘一大师安然离世

助念之人，多少不拘。人多者，宜轮班念，相续不断。或念六字，或念四字，或快或慢，皆须预问病人，随其平日习惯及好乐者念之，病人乃能相随默念。今见助念者皆随已意，不问病人，既已违其平日习惯及好乐，何能相随默念。余愿自今以后，凡任助念者，于此一事，切宜留意。

又寻常助念者，皆用引磬小木鱼。以余经验言之，神经衰弱者，病时甚畏引磬及小木鱼声，因其声尖锐，刺激神经，反令心神不宁。若依余意，应免除引磬小木鱼，仅用音声助念，最为妥当。或改为大钟、大磬、大木鱼，其声宏壮，闻者能起肃敬之念，实胜于引磬小木鱼也。但人之所好，各有不同。此事必须预先向病人详细问明，随其所好而试行之。或有未宜，尽可随时改变，万勿固执。

第四章　经命终后一日

既已命终，最切要者，不可急忙移动。虽身染便秽，亦勿即为洗涤。必须经过八小时后，乃能浴身更衣。常人皆不注意此事，而最要紧。唯望广劝同人，依此谨慎行之。

命终前后，家人万不可哭。哭有何益？能尽力帮助念佛乃于亡者有实益耳。若必欲哭者，须俟命终八小时后。

顶门温暖之说，虽有所据，然亦不可固执。但能平日信愿真切，临终正念分明者，即可证其往生。

命终之后，念佛已毕，即锁房门，深防他人入内，误触亡者。必须经过八小时后，乃能浴身更衣（前文已言，今再谆嘱，切记切记）。因八小时内若移动者，亡人虽不能言，亦觉痛苦。

八小时后着衣，若手足关节硬，不能转动者，应以热水淋洗。用布搅热水，围于臂肘膝弯，不久即可活动，有如生人。

殓衣宜用旧物，不用新者。其新衣应布施他人，能令亡者获福。

不宜用好棺木，亦不宜做大坟。此等奢侈事，皆不利于亡人。

第五章　荐亡等事

七七日内，欲延僧众荐亡，以念佛为主。若诵经、拜忏、焰口、水陆等事，虽有不可思议功德，然现今僧众视为具文，敷衍了事，不能如法，罕有实益。《印光法师文钞》中屡斥诫之，谓其唯属场面，徒作虚套。若专念佛，则人人能念，最为切实，能获莫大之利矣。

如请僧众念佛时，家族亦应随念。但女众宜在自室或布帐之内，免生讥议。

凡念佛等一切功德，皆宜回向普及法界众生，则其功德乃能广大，而亡者所获利益亦更因之增长。

开吊时，宜用素斋，万勿用荤，致杀害生命，大不利于亡人。

弘一法师舍利塔

出丧仪文，切勿铺张。毋图生者好看，应为亡者惜福也。

七七以后，亦应常行追荐以尽孝思。莲池大师谓年中常须追荐先亡。不得谓已得解脱，遂不举行耳。

第六章　劝请发起临终助念会

此事最为切要。应于城乡各地，多多设立。《饬终津梁》中有详细章程，宜检阅之。

第七章　结语

残年将尽，不久即是腊月三十日，为一年最后。若未将钱财预备稳妥，则债主纷来，如何抵挡。吾人临命终时，乃是一生之腊月三十日，为人生最后。若未将往生资粮预备稳妥，必致手忙脚乱呼爷叫娘，多生恶业一齐现前，如何摆脱。临终虽恃他人助念，诸事如法，但自己亦须平日修持，乃可临终自在。奉劝诸仁者，总要及早预备才好。

（本文为弘一法师1933年1月在厦门妙释寺的演讲）

改习惯

吾人因多生以来之夙习，及以今生自幼所受环境之熏染，而自然现于身口者，名曰习惯。

习惯有善有不善，今且言其不善者。常人对于不善之习惯，而略称之曰习惯。今依俗语而标题也。

在家人之教育，以矫正习惯为主。出家人亦尔。但近世出家人，唯尚谈玄说妙。于自己微细之习惯，固置之不问。即自己一言一动，极粗显易知之习惯，亦罕有加以注意者。可痛叹也。

余于三十岁时，即觉知自己恶习惯太重，颇思尽力对治。出家以来，恒战战兢兢，不敢任情适意。但自愧恶习太重，二十年来，所矫正者百无一二。

自今以后，愿努力痛改。更愿有缘诸道侣，亦皆奋袂兴起，同致力于此也。

吾人之习惯甚多。今欲改正，宜依如何之方法耶？若胪列多条，而一时改正，则心劳而效少，以余经验言之，宜先举一条乃至三四条，逐日努力检点，既已改正，后再逐渐增加可耳。

今春以来，有道侣数人，与余同研律学，颇注意于改正习惯。数月以来，稍有成效，今愿述其往事，以告诸公。但诸公欲自改其习惯，不必尽依此数条，尽可随宜酌定。余今所述者，特为诸公作参考耳。

弘一法师在俗时留影

学律诸道侣，已改正习惯，有七条。

一、食不言。现时中等以上各寺院，皆有此制，故改正甚易。

二、不非时食。初讲律时，即由大众自己发心，同持此戒。后来学者亦尔。遂成定例。

三、衣服朴素整齐。或有旧制，色质未能合宜者，暂作内衣，外罩如法之服。

四、别修礼诵等课程。每日除听讲、研究、抄写及随寺众课诵外，皆别自立礼诵等课程，尽力行之。或有每晨于佛前跪读《法华经》者，或有读《华严经》者，或有读《金刚经》者，或每日念佛一万以上者。

五、不闲谈。出家人每喜聚众闲谈，虚丧光阴，废弛道业，可悲可痛！今诸道侣，已能渐除此习。每于食后、或傍晚、休息之时，皆于树下檐边，或经行、或端坐、若默诵佛号、若朗读经文、若默然摄念。

六、不阅报。各地日报，社会新闻栏中，关于杀盗淫妄等事，记载最详。而淫欲诸事，尤描摹尽致。虽无淫欲之人，常阅报纸，亦必受其熏染，此为现代世俗教育家所痛慨者。故学律诸道侣，近已自己发心不阅报纸。

七、常劳动。出家人性多懒惰，不喜劳动。今学律诸道侣，皆已发心，每日扫除大殿及僧房檐下，并奋力做其他种种劳动之事。

以上已改正之习惯，共有七条。

尚有近来特实行改正之二条，亦附列于下：

一、食碗所剩饭粒。印光法师最不喜此事。若见剩饭粒者即当面痛呵斥之。所谓施主一粒米，恩重大如山也。但若烂粥烂面留滞碗上不易除去者，则非此限。

二、坐时注意威仪。垂足坐时双腿平列。不宜左右互相翘架，更不宜耸立或直伸。余于在家时，已改此习惯。且现代出家人普通之威仪，亦不许如此。想此习惯不难改正也。

总之，学律诸道侣，改正习惯时，皆由自己发心。决无人出命令而禁止之也。

（本文为弘一法师1933年在泉州承天寺所讲）

出家与素食

一

佛教是从印度传来的，制度方面有一点不同。我国旧有的地方，例如出家与素食，不明了，不习惯的人对此引起许许多多的误会。

（一）“出家”：出家为印度佛教的制度，我国社会，特别是儒家对它误解最大。在国内，每听人说，大家学佛，世界上的人都没有了，为什么呢？大家都出家了。没有夫妇儿女，还成什么社会？这是严重的误会，我常比喻说：如教师们教学生，那里教人人当教员去，成为教员的世界吗？这点在菲岛，不人会误会的，因为到处看得到的神父、修女，他们也是出家，但只是天主教徒中的少部分，并非信天主教的人，人人要当神父、修女。学佛的有出家弟子，有在家弟子，出家可以学佛，在家也可以学佛，出家可以修行了生死，在家也同样可以修行了生死，并不是学佛的人一定都要出家，绝不因大家学佛，就会毁灭人类社会。不过出家与在家,既然都可以修行了生死,为什么还要出家呢?因为要弘扬佛教,推动佛教,必须有少数人主持佛教。主持的顶好是出家人,既没有家庭负担,又不做其他种种工作,可以一心一意修行,一心一意弘扬佛法。佛教要存在这个世界,一定要有这种人来推动他,所以从来就有此出家的制度。

李叔同出家留影

出家功德大吗?当然大,可是不能出家的,不必勉强,勉强出家有时不能如法,还不如在家,爬得高的,跌得更重,出家功德高大,但一不当心,堕落得更厉害,要能真切发心,勤苦修行为佛教牺牲自己,努力弘扬佛法,才不愧为出家。出家人是佛教中的核心分子,是推动佛教的主体,不婚嫁,西洋宗教也有这样制度。有许多科学哲学家,为了学业,守独身主义,不为家庭琐事所累,而去为科学、哲学努力。佛教出家制,也就是摆脱世界欲累,而专心一意地为佛法。所以出家是大丈夫的事,要特别的勤苦,如随便出家,出家而不为出家事,那非但没有利益,反而有碍佛教。有的人,一学佛教想出家,

清晨的寺院

似乎学佛非出家不可，不但自己误会了，也把其他人都吓住而不敢来学佛。这种思想——学佛就要出家，要不得。应认识出家不易，先做一良好在家居士为法修学，自利利他。如真能发大心，修出家行，献身佛教，再来出家，这样自己既稳当，对社会也不会发生不良影响。

与出家有关，附带说到两点，有的人看到佛寺广大庄严、清净幽美，于是羡慕出家人，以为出家人住在里面，有施主来供养，无须做工，坐享清福，如流传的“日高三丈犹未起”“不及僧家半日闲”之类，就是此种谬说，不知道出家人有出家人的事情，要勇猛精进，自己修行时“初夜后夜，精勤佛道”。对信徒说法，应该四处游化，出去宣扬真理，过着清苦的生活，为众生为佛教而努力，自利利他，非常难得，所为僧宝，哪里是什么事都不做，坐享现成，坐等施主们来供养，这大概是出家者多，能尽出家人责任者少，所以社会有此误会吧！

有些反对佛教的人，说出家人什么都不做，为寄生社会的消费者，好像一点用处都没有。不知人不一定要从事农、工、商的工作，当教员、新闻记者，以及其他自由职业，也能说是消费者吗？出家人不是没有事做，过着清苦生活而且勇猛精进，所做的事，除自利而外，导人向善，重德行，修持，使信众的人格一天一天提高，能修行了生死，使人生世界得大利益，怎能说是不做事的寄生者呢？出家人是宗教师，可说是广义而崇高的教育工作者，所以不懂佛法的人说，出家人清闲，或说出家人寄生消费，都不对。真正出家并不如此，应该并不清闲而繁忙，不是消耗而能报施主之恩。

（二）“吃素”：我们中国佛教徒，特别重视素食，所以学佛的人，每以为学佛就要吃素还不能断肉食的，就会说：“看看日本，锡兰，缅甸，泰国或者我国的西藏、蒙古的佛教徒，不要说在家信徒，连出家人也都是肉食的，你能说他们不学佛，不是佛教徒吗？”不要误会学佛就得吃素，不能吃素就不能学佛，学佛与吃素并不是完全一致的。一般人看到有些学佛的，没有学到什么，只学会吃素，家庭里的父母兄弟儿女感觉讨厌，以为素食太麻烦。其实学佛的人，应该这样，学佛后，先要了解佛教的道理，在家庭社会，依照佛理做去，使自己的德行好，心里清净，使家庭中其他的人，觉得你在没学佛以前贪心大，嗔心很重，缺乏责任心与慈爱心，学佛后一切都变了，贪心淡，嗔恚薄，对人慈爱，做事更负责，使人觉得学佛在家庭社会上的好处。那时候要素食，家里的人不但不反对，反而生起同情心，渐渐跟你学，如一学佛就学吃素，不学别的，一定会发生障碍，引起讥嫌。

虽然学佛的人，不一定吃素，但吃素确是中国佛教良好的德行，值得提倡。佛教说素食可以养慈悲心，不忍杀害众生的命，不忍吃动物的血肉。不但减少杀生业障，而且对人类苦痛的同情心会增长。大乘佛法特别提倡素食，说素食对长养慈悲心有很大的功德。所以吃素而不能长养慈悲心，只是消极的戒杀，那还近于小乘呢！

李叔同绘画作品

以世间法来说，素食的利益极大，较经济，营养价值也高，可以减少病痛。现在世界上，有国际素食会的组织，无论何人，凡是喜欢素食都可以参加，可见素食是件好事，学佛的人更应该提倡，但必须注意的，就是不要把学佛的标准提得太高，认为学佛就非吃素不可。遇到学佛的人就会问："有吃素吗？为什么学佛这么久，还不吃素呢？"这样把学佛与素食合一，对于弘扬佛法是有碍的。

（选自弘一法师《切莫误解佛教》）

二

关于食物之事，略陈拙见如下，乞为转陈执务者，为感！

依律，食物亦名曰药，以其能调和四大，令获康健，俾能精进办道。但贪嗜甘美之物，律所深呵。常食昂价之品，尤为失福。故以价廉而适于卫生之物最为合宜也。

豆类，含有蛋白质，为最重要之滋养品。但亦不能多食，多食则不消化（与常人食补药者同，须以少量而每日食之，但不可一次多量，若过量者，反致增疾）。

蔬菜之类，且就本寺现有者言之。

菠菜，为菜中之王，含有铁质及四种维他命，为滋补最良之品。

白萝卜（俗称菜头）亦甚能滋补。红萝卜亦然。

白菜，亦甚佳（或白色或绿色皆佳）。

若芥菜、雪里红，则性稍燥，不可常食。

花生，含有油质，食之有益（但不可多食）。

且以拙见言之，菜食一盂之中，约以蔬菜占五分之四，豆类及花生等占五分之一，乃为适宜也。

近来本寺送与朽人之菜食，其中豆类太多，蔬菜太少，未能调和，故陈拙见，以备采择。

再者，前朽人云，不愿食菜心及冬笋者，因其价昂而不食，非因齿力不足也。菜心与白菜相似，而价昂数倍。冬笋价极昂，西医谓其未含有何种之滋养质也。

又香菇亦不宜为常食品，明莲池大师曾力诫之。

煮豆类、花生及蔬菜之汤，亦不可弃，其中含有多份之滋养料。倘弃其汤，而唯食其质，犹如服中国药者，弃其药汤而唯食其药渣也。

朽人齿力尚健，以刀切蔬菜时，不妨切大块，咀嚼甚易也。

以上种种拙见，乞为执务者讲解其义，令彼了知，至用感谢。

（本文为弘一法师1939年写给林奉若的信）

印造经像者之所得功德，已略如上述。但何时何处，足以适用此种植福之举，特为研究，以便力行。今谨约述如次：

一、祝寿

生本无生，无生而生。法身寿算，本来无有限量。其现在幻躯，乃从业报中来。报尽便休，无异昙花一现，何寿之足云？今为随顺俗情故，姑且开此祝寿方便门。

凡自己家中，或长者，或侪辈，或自身，举行祝典时，切勿杀生宴客，浪掷金钱，妄造怨业。亦勿贪恋无足重轻之虚誉，征文征诗，接收过情之称许。作此虚文，对众即为欺饰，问心适足惭汗。以故莫善于扫除一切俗尚，而从事于印造经像（有力则刻经造像，无力则写经画像）。仰以报四重恩，俯以济三途苦。既能获无量福庆，又可留永久记念。此种胜举，尊者居士尤宜悉心提倡，留良榜样与多众看。若亲戚朋友家举行庆祝时，亦劝准此行之，为造胜福。双方所得功德，不可称量。

二、贺喜

一念妄动，而起欲爱。于本空中，幻出色身。终此天年，但见百苦交煎，诸怨环逼。闻法而觉醒者，方惭愧痛苦之不暇，又何喜之足云？夫妻父子，无非夙债牵缠。安富尊荣，尽是生埋境界。是以觉王眼底，在在可悲。今为多方汲引故，姑且开此贺喜方便门。

凡男娶女嫁时，生儿育女时，职位升迁时，新屋落成时，公司行号开张时，凡百营业获利时，以及其他一切世俗所认为欢喜之事，事而在己，应省下欢喜钱财，作此刻经造像之殊胜功德。其戚友之表情道贺者，宜预向声明所定意旨，俾知所遵循。群以宏法范围内事，为多众示范。由知识阶级开此风气，转移俗尚，响应至捷而至宏远，可以断言。事在戚友，亦宜迎机利导，免作无谓之举，省下金钱，作此自他兼益之图。

三、免灾

天灾人祸，无代蔑有。灾分大小，胥由一切众生别业、同业，感召而至。“灾（災）”字从水从火，示其来势猛烈，有一发

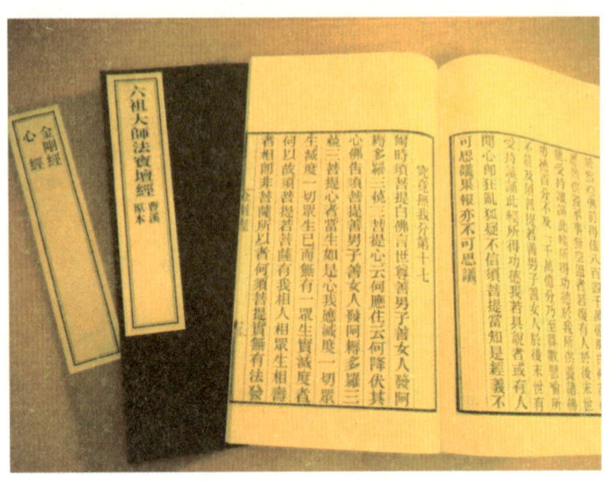

金陵刻经处所刻佛经

而不易收拾之概。灾殃之种别，若刀兵，若瘟疫，若饥馑，若牢狱，若洪水为患，田庐淹没，若大地震裂，城邑为陷；此外如毁灭一切所有之风灾、火灾，以及其他猝不及防之一切悲惨之结果，皆得以灾祸之名目括之。触目而惊心，思患而预防。讲求避免之方，不可一日缓。今为饶益一切有情故，特别开此免灾方便门。

无论山居、水居、平壤居，所有种种因境而生之特异灾厄，以及刀兵、寇盗、疫疠、火患、牢狱，与多生怨对，寻仇报复之一切祸灾。或为父母师长，及诸眷属，与诸戚友，祈祷免祸。或为并世而生之一切众生，发大慈悲心，代为祈祷免祸。或为过现未来四生六道中一切众生，发大菩提心，代为祈祷免祸。其最实际最有效之胜举，当以流通佛经、庄严佛像为第一美举。是何为者？以十方三世诸佛，悯念众生故。三界

祈 福

灾厄，唯佛威神力善能消除故。矢诚宏法之人，与诸佛慈悲救拔之深心宏愿，默相感通故。

四、祈求

动若不休，止水皆化波涛；静而不扰，波涛悉为止水。水相如此，心境亦然。不变随缘，真如当体成生灭。随缘不变，生灭当体即真如。一迷则梦想颠倒，触处障碍。一悟则究竟涅槃，当下清凉。不动道场中，本来一切具足，又何欠缺驰求之有？今为多众劝进故，特别开此祈求方便门。

凡为自己，及六亲眷属之忧年寿短促者求延寿，为子嗣艰难者求诞育，以讫疾病之求速愈，家宅之求平安，怨仇之求解释，营业之求顺遂，一切作为之求如意（但有伤道德之行为及职业，与佛道不相应故，均在屏除之例），求国内平和，求世界平和，求现在未来一切法界众生回心向善、离诸魔难，以至一切闻法之人，求增长智慧，求证念佛三昧，求临终时无诸苦厄，心不颠倒，往生极乐。皆宜作此写经印经造像画像功德。至诚祈祷，终能一一满其所愿。

五、忏悔

省庵法师《劝发菩提心文》有云："我释迦如来，最初发心，为我等故，行菩萨道。经无量劫，备受诸苦。我造业时，佛则哀怜，方便教化。而我愚痴，不知信受。我堕地狱，佛复悲痛，欲代我苦。而我业重，不能救拔。我生人道，佛以方便，令种善根。世世生生，随逐于我，心无暂舍。佛初出世，我尚沉沦。今得人身，佛已灭度。何罪而竟生末法？何障而不见金身？"抚躬自问，能不惶悚无地？今为消除罪障故，特别开此忏悔方便门。

修持戒行，为末世众生度脱生死苦海最重要、最切用之一方法。欲修戒行，当向律藏诸法典参求。在家弟子，宜读《十善业道经》《在家律要广集》《优婆塞戒经》《菩萨戒本经笺要》《梵网经合注》。出家戒律不备录。夫然后了知一切过咎所在。

对于自己前此曾作诸不善事深自追悔，而欲以忏悔开灭罪之门、辟自新之路者，当以流通佛经、庄严佛像为最有效。作此功德时，至诚忏悔，以赎前愆，前此所作诸不善业可以立即消灭。若代为他人忏悔者，亦适用此方法。

六、荐拔

“树欲静而风不息，子能养而亲不在。”此普天下为子女者，对于父母养育之恩，酬报无从，而抱无限之悲痛者也。然而吾父吾母，躯体虽殁，尚有不与躯体俱殁者在，是何物？曰灵性是。此灵性者，舍身受身，被夙业所驱，重处偏堕，自难作主，循环往复，三途六趣。从劫至劫，了无出期。吁嗟乎！三界火宅，岂得留恋。善哉！莲池大师有云：“亲得离尘垢，子道方成就。”是以善报亲恩者，当虔修出世法，使我今生之生身父母，仗我不可思议之愿力，脱离生死苦海为第一要图；并使我百劫千生之生身父母，现尚滞留于六道中受苦无量者，咸得仗我不可思议之愿力，方便脱离生死苦海为第一要图。以念多生父母深恩故，作彻底酬报想。以念多生父母沉沦六道故，视六道众生皆父母，作六道众生未度尽时誓不成佛想。无论先觉后觉，人人皆有一亲恩未报之大事因缘在。今求浅近易行故，特别开此荐拔方便门。

凡值父母丧亡，或亡后七七记念、一周年记念，以至数周年、无数周年记念，或死期，或诞辰，或冥寿，作诸记念，皆宜举行印造经像之殊胜功德。其祖父母，及外祖父母，与其他一切平辈、幼辈，亦宜作此功德，以资冥福。若亲戚朋友丧亡之时，亦宜以此类宏法功德，代却一切无益之礼数。其所获功德，至无限量。

以上所述，不过仅就大概言之。此外植福机会，不胜枚举。欲悉其详，广诵一切经典自知。

（本文节选自《印造经像之机会》）

君子之交，其淡如水

一

质平仁弟：

来函，诵悉。日本留学生向来如是。虽亦有成绩佳良者，然大半为日人做殿军或并殿军之资格而无之。故日人说起留学生辄做滑稽讪笑之态。不佞居东八年，固习见不鲜矣。君之志气甚佳，将来必可为吾国人吐一口气。但现在宜注意者如下：

（一）宜重卫生，俾免中途辍学（习音乐者，非身体健壮之人不易进步。专运动五指及脑，他处不运动则易致疾。故每日宜为适当之休息及应有之娱乐、适度之运动。又宜早眠早起，食后宜休息一小时，不可即弹琴）。

（二）宜慎出场演奏，免人之忌妒（能不演奏最妥，抱璞而藏，君子之行也）。

（三）宜慎交游，免生无谓之是非（留学界品类尤杂，最

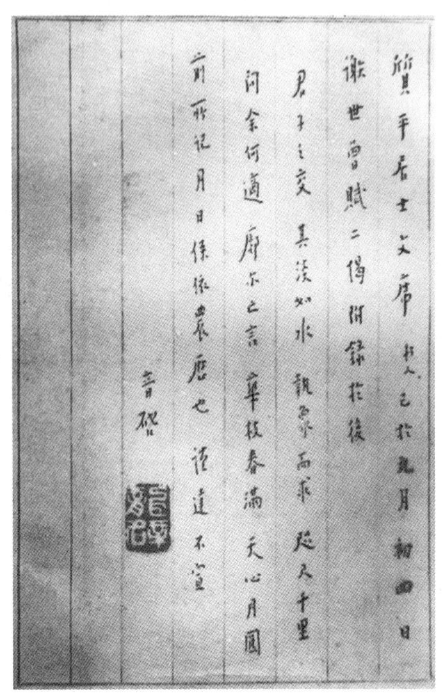

質平居士文席 朽人已於九月初四日謝世曾賦二偈附錄於後

君子之交 其淡如水 執象而求 咫尺千里

問余何適 廓爾亡言 華枝春滿 天心月圓

前所記月日係依農曆也 謹達不宣

音啓

李叔同致刘质平书札

宜谨慎）。

（四）勿躐等急进（吾人求学须从常规，循序渐进，欲速则不达矣）。

（五）勿心浮气躁（学稍有得，即深自矜夸；或学而不进，即生厌烦心，或抱悲观，皆不可。必须心气平定，不急进，不间断。日久自有适当之成绩）。

（六）宜信仰宗教，求精神上之安乐（据余一人之所见，确系如此，未知君以为如何）。

附录格言数则呈阅。

不佞近来颇有志于修养，但言易行难，能持久不变尤难，如何如何？

今秋因经先生[①]坚留，情不可却，南京之兼职似可脱离。君暇时乞代购（マソドリソ）[②]弦E二根、A二根、D三根、G二根，封入信内寄下。六七日内拟汇款五圆存尊处，尚有他物乞代购也。君如须在沪杭购物，不佞可以代办，望勿客气，随时函达可也。

君在校师何人？望示知。听音乐会之演奏，有何感动？此不佞所愿闻者也。此复，即颂旅吉。

李婴

八月十九日

门先生[③]乞为致意，他日稍暇，当作书奉候。并谓现在不佞求学不得，如行夜路，视门先生如在天上矣。

（本文为李叔同1916年在杭州写给学生刘质平的信）

① 经先生：即经亨颐，当时任浙江第一师范学校校长。

② 即曼陀玲。

③ 门先生：李叔同留学时的友人。

二

质平仁弟足下：

来书诵悉。《菜根谭》及M经，前已收到，曾致复片，计已查收。官费事可由君访察他人补官费之经过情形，由君作函寄来。上款写经、夏二先生及不佞三人，函内详述他省补费之办法。此函寄至不佞处，由不佞与经、夏二先生商酌可也。君在东言行谨慎，甚佳。交友不可勉强，宁无友，不可交寻常之友（或不尽然），虽无损于我，亦徒往来酬酢，作无谓之谈话，周旋消费力学之时间耳。门先生忠厚长者，可以为君之友人。此外不再交友，亦无妨碍。始亲终疏，反致怨尤，故不如于始不亲之为佳也。不佞前致君函有应注意者数条，宜常阅之。又格言数则，亦不可忘。不佞无他高见，唯望君按部就班用功，不求近效。进太锐者恐难持久。不可心太高，心高是灰心之根源也。心倘不定，可以习静坐法。入手虽难，然行之有恒，自可入门（君有崇信之宗教，信仰之尤善，佛、伊、耶皆可）。音乐书前日已挂号寄奉。附一函乞转交门先生。此复，即颂近佳！

三

质平仁弟：

昨上一函一片，计达览。请补官费之事，不佞再四斟酌，恐难如愿。不佞与夏先生素不与官厅相识，只可推此事于经先生。经先生多忙，能否专为此事往返奔走，亦未可知。即能任劳力谋，成否亦在未可知之数（总而言之，求人甚难）。此中困难情形，可以意料及之也。

君之家庭助君学费，大约可至何时？如君学费断绝，困难之时，不佞可以量力助君，但不佞窭[①]人也，必须无意外之变，乃可如愿。因学校薪水领不到时，即无可设法。今将详细之情形述之如下：

不佞现每月入薪水百零五圆。

出款：

上海家用四十圆，年节另加。

天津家用二十五圆，年节另加。

自己食用十圆。

自己零用五圆。

自己应酬费买物添衣费五圆。

如依是正确计算，严守此数，不再多费，每月可余二十圆。

此二十圆即可以作君学费用。中国留学生往往学费甚多，

① 窭：即贫穷之意。

但日本学生每月有二十圆已可敷用。不买书、买物、交际游览，可以省钱许多。将来不佞之薪水，大约有减无增。但再减去五圆，仍无大妨碍（自己用之款内，可以再加节省）。如再多减，则觉困难矣。

又不佞家无恒产，专恃薪水养家，如患大病不能任职，或由学校辞职，或因时局不能发薪水，倘有此种变故，即无法可设也。以上所述，为不佞个人之情形。

倘以后由不佞助君学费，有下列数条，必须由君承认乃可实行。

（一）此款系以我辈之交谊，赠君用之，并非借贷与君。因不佞向不喜与人通借贷也。故此款君受之，将来不必偿还。

（二）赠款事只有吾二人知，不可与第三人谈及。家庭如追问，可云有人如此而已，万不可提出姓名。

（三）赠款期限，从君之家族不给学费时起，至毕业时止。但如有前述之变故，则不能赠款（如减薪水太多，则赠款亦须减少）。

（四）君须听从不佞之意见，不可违背。不佞并无他意，但愿君按部就班用功，无太过不及。注重卫生，俾可学成有获，不致半途中止也。君之心高气浮是第一障碍物（自杀之事不可再想），必痛除。

以上所说之情形，望君详细思索，写回信复我。助学费事，不佞不敢向他人言，因他人以诚意待人者少也，即有装面子暂时敷衍者，亦将久而生厌，焉能持久？君之家族尚不能尽力助君，何况外人乎？若不佞近来颇明天理，愿依天理行事，望君勿以常人之情推测不佞可也。此颂近佳！

李婴

此函阅后焚去。

四

致刘质平（遗嘱）

质平居士文席：

朽人已于九月初四日谢世。曾赋二偈，附录于后：

君子之交，其淡如水。

执象而求，咫尺千里。

问余何适，廓尔亡言。

华枝春满，天心月圆。

前所记月日，系依农历也。谨达，不宣。

音启

（一九四二年十月）

欲得米谷，必先种田

一

原来佛法之目的是求觉悟，本无种种差别。但欲求达到觉悟之目的地以前，必有许多途径。而在此途径上，自不妨有种种宗派之不同也。

佛法在印度古代时，小乘有各种部执，大乘虽亦分“空”、“有”二派，但未别立许多门户。

吾国自东汉以后，除将印度所传来之佛法精神完全承受外，并加以融化光大，于中华民族文化之伟大悠远基础上，更开展中国佛法之许多特色。至隋唐时，便渐成就大小乘各宗分立之势。今且举十宗而略述之。

（一）律宗，又名南山宗

唐代终南山道宣律师所立，依《法华》《涅》经义，而释通小乘律，立圆宗戒体，正属出家人所学，亦明在家五戒、八戒等。

东汉白马寺

唐时盛，南宋后衰。今渐兴。

（二）俱舍宗

依《俱舍论》而立。

分别小乘名相甚精，为小乘之相宗。欲学大乘法相宗者，固应先学此论。即学他宗者，亦应以此为根柢。不可以其为小乘而轻忽之也。

陈隋唐时盛弘，后衰。

（三）成实宗

依《成实论》而立，为小乘之空宗，微似大乘。

六朝时盛，后衰。唐以后殆罕有学者。

以上二宗，即依二部论典而形成，并由印度传于中土。

虽号称宗，然实不过二部论典之传、持、授、受而已。

以上二宗属小乘，以下七宗皆是大乘。律宗则介于大小乘之间。

（四）三论宗，又名性宗，又名空宗

三论者，即《中论》《百论》《十二门论》。是三部论皆依《般若经》而造。姚秦时，龟兹国鸠摩罗什三藏法师来此土弘传。

唐初犹盛，以后衰。

（五）法相宗，又名慈恩宗，又名有宗

此宗所依之经论，为《解深密经》《瑜伽师地论》等。

唐玄奘法师盛弘此宗。又糅合印度十大论师所著之《唯识三十颂之解释》而编纂成《唯识论》十卷，为此宗著名之典籍。

玄奘法师雕像

此宗最要！无论学何宗者皆应先学此，以为根柢也。

唐中叶后衰。近复兴，学者甚盛。

以上二宗，印度古代有之。即所谓“空”、“有”二派也。

（六）天台宗，又名法华宗

六朝时此土所立，以《法华经》为正依。至隋智者大师时极盛。其教义较前二宗为玄妙。

隋唐时盛，至今不衰。

（七）华严宗，又名贤首宗

唐初此土所立，以《华严经》为依。

至唐贤首国师时而盛，至清凉国师时而大备。

此宗最为广博，在一切经法中称为教海。

宋以后衰。今殆罕有学者，至可惜也。

（八）禅宗

梁武帝时，由印度达摩尊者传至此土。

斯宗虽不立文字，直明实相之理体。而有时却假用文字上之教化方便，以弘教法，如《金刚》《楞伽》二经，即是此宗常所依用者也。

唐宋时甚盛，今衰。

（九）密宗，又名真言宗

唐玄宗时，由印度善无畏三藏、金刚智三藏先后传入此土。斯宗以《大日经》《金刚顶经》《苏悉地经》三部为正所依。

元后即衰。近年再兴，甚盛。

禅宗六祖慧能

在大乘各宗中，此宗之教法最为高深，修持最为真切。常人未尝穷研，辄轻肆毁谤，至堪痛叹。

余于十数年前，唯阅《密宗仪轨》，亦尝轻致疑议；以后阅《大日经疏》，乃知密宗教义之高深，因痛自忏悔。

愿诸君不可先阅《仪轨》，应先习经教，则可无诸疑惑矣！

（十）净土宗

始于晋慧远大师，依《无量寿经》《观无量寿佛经》《阿弥陀经》而立。三根普被，甚为简易，极契末法时机。明季时，此宗大盛。至于近世，尤为兴盛，超出各宗之上。

以上略说十宗大概已竟，大半是摘取近人之说以叙述之。

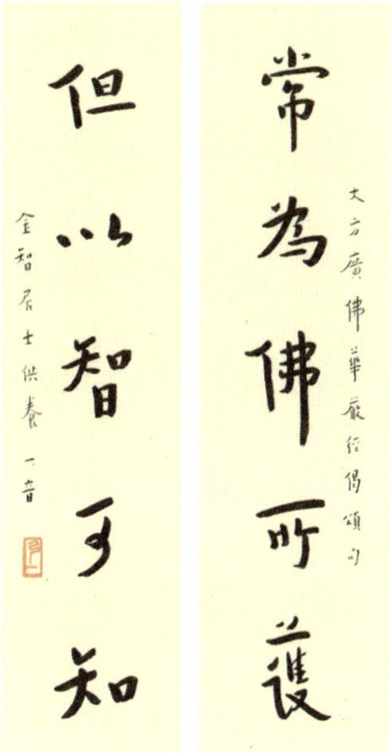

就此十宗中，有小乘、大乘之别。而大乘之中，复有种种不同。

吾人于此，万不可固执成见，而妄生分别。因佛法本来平等无二，无有可说。即佛法之名称亦不可得，于不可得之中，而建立种种差别佛法者，乃是随顺世间众生以方便建立。因众生习染有浅深，觉悟有先后，而佛法亦依之有种种差别，以适应之。譬如世间患病者，其病症千差万别，须有多种药品以适应之，其价值亦低昂不等。不得仅尊其贵价者，而废其他廉价者。所谓药无贵贱，愈病者良。佛法亦尔。无论大小、权实、渐顿、显密，能契机者，即是无上妙法也。故法门虽多，吾人宜各择其与自己根机相契合者而研习之，斯为善矣！

李叔同书法

（本文原名《佛法宗派大概》，为弘一法师1938年11月28日于福建安海金墩宗祠所做讲演）

二

佛法宗派大概，前已略说。

或谓高深教义，难解难行，非利根上智不能承受。若我辈常人欲学习佛法者，未知有何法门，能使人人易解，人人易行，毫无困难，速获实益耶？

按：佛法宽广，有浅有深。故古代诸师，皆判“教相”以区别之。依唐圭峰禅师所撰《华严原人论》中，判立五教：

（1）人天教

（2）小乘教

（3）大乘法相教

（4）大乘破相教

（5）一乘显性教

以此五教，分别浅深。若我辈常人易解易行者，唯有“人天教”也。其他四教，义理高深，甚难了解。即能了解，亦难实行。故欲普及社会，又可补助世法，以挽救世道人心，应以“人天教”最为合宜也。

人天教由何而立耶？

常人醉生梦死，谓富贵贫贱吉凶祸福皆由命定，不解因果报应。或有解因果报应者，亦唯知今生之现报而已。若如是者，现生有恶人富而善人贫，恶人寿而善人夭，恶人多子孙而善人绝嗣，是何故欤？因是佛为此辈人，说三世业报、善恶因果，即是人天教也。今就三世业报及善恶因果分为二章详述之。

（一）三世业报

三世业报者，现报、生报、后报也。

（1）现报：今生作善恶，今生受报。
（2）生报：今生作善恶，次一生受报。
（3）后报：今生作善恶，次二三生乃至未来多生受报。

由是而观，则恶人富、善人贫等，决不足怪。吾人唯应力行善业，即使今生不获良好之果报，来生、再来生等必能得之。万勿因行善而反遇逆境，遂妄谓行善无有果报也。

（二）善恶因果

善恶因果者，恶业、善业、不动业，此三者是其因；果报有六，即六道也。

恶业、善业，其数甚多，约而言之，各有十种，如下所述。不动业者，即修习上品十善，复能深修禅定也。

李叔同书法

今以三因六果列表如下：

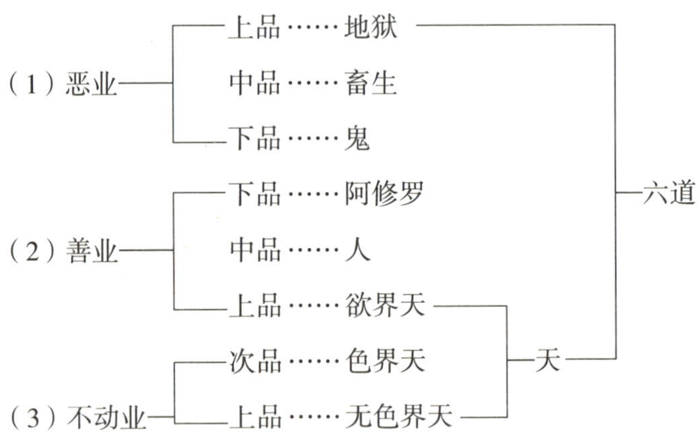

今复举恶业、善业，别述如下：

恶业有十种：

（1）杀生

（2）偷盗

（3）邪淫

（4）妄言

（5）两舌

（6）恶口

（7）绮语

（8）悭贪

（9）瞋恚

（10）邪见

造恶业者，因其造业重轻，而堕地狱、畜生、鬼道之中。受报既尽，幸生人中，犹有余报。今依《华严经》所载者，录之如下。若诸论中，尚列外境多种，今不别录。

（1）杀生……短命、多病

（2）偷盗……贫穷、其财不得自在

（3）邪淫……妻不贞良、不得随意眷属

（4）妄言……多被诽谤、为他所诳

（5）两舌……眷属乖离、亲族弊恶

（6）恶口……常闻恶声、言多诤讼

（7）绮语……言无人受、语不明了

（8）悭贪……心不知足、多欲无厌

（9）瞋恚……常被他人求其长短、恒为于他之所恼害

（10）邪见……生邪见家、其心谄曲

善业有十种。下列“不杀生”等，止恶即名为善。复依此而起十种行善，即“救护生命”等也。

（1）不杀生、救护生命

（2）不偷盗、给施资财

（3）不邪淫、遵修梵行

（4）不妄言、说诚实言

（5）不两舌、和合彼此

（6）不恶口、善言安慰

（7）不绮语、作利益语

（8）不悭贪、常怀舍心

（9）不瞋恚、恒生慈悯

（10）不邪见、正信因果

造善业者，因其造业轻重，而生于阿修罗、人道、欲界天中。所感之余报，与上所列恶业之余报相反。如不杀生则长寿无病等，类推可知。

由是观之，吾人欲得诸事顺遂、身心安乐之果报者，应先力修善业，以种善因。若唯一心求好果报，而决不肯种少

许善因，是为大误。譬如农夫，欲得米谷，而不种田，人皆知其为愚也。

故吾人欲诸事顺遂、身心安乐者，须努力培植善因。将来或迟或早，必得良好之果报。古人云：“祸福无不自己求之者。”即是此意也。

以上所说，乃人天教之大义。

唯修人天教者，虽较易行，然报限人天，非是出世。故古今诸大善知识，尽力提倡“净土法门”，即前所说之《佛法宗派大概》中之“净土宗”。令无论习何教者，皆兼学此“净

李叔同书法

土法门”，即能获得最大之利益。“净土法门”虽随宜判为“一乘圆教”，但深者见深，浅者见浅，即唯修人天教者亦可兼学，所谓“三根普被”也。

在此讲说三日已竟。以此功德，唯愿世界安宁，众生欢乐，佛日增辉，法轮常转。

（本文原名《佛法学习初步》，为弘一法师1938年11月29日讲于福建安海金墩宗祠）

三

我到永春的因缘，最初发起，在三年之前。性愿老法师常常劝我到此地来，又常提起普济寺是如何如何的好。

两年以前的春天，我在南普陀讲律圆满以后，妙慧师便到厦门请我到此地来。那时因为学律的人要随行的太多，而普济寺中设备未广，不能够收容，不得已而中止。是为第一次欲来未果。

是年的冬天，有位善兴师，他持着永春诸善友一张请帖，到厦门万石岩去，要接我来永春。那时因为已先应了泉州草庵之请，故不能来永春。是为第二次欲来未果。

去年的冬天，妙慧师再到草庵来接。本想随请前来，不意过泉州时，又承诸善友挽留，不得已而延期至今春。是为

李叔同绘画作品

第三次欲来未果。

直至今年半个月以前，妙慧师又到泉州劝请，是为第四次。因大众既然有如此的盛意，故不得不来。其时在泉州各地讲经，很是忙碌，因此又延搁了半个多月。今得来到贵处，和诸位善友相见，我心中非常的欢喜。自三年前就想到此地来，屡次受了事情所阻，现在得来，满其多年的夙愿，更可说是十分的欢喜了。

今天承诸位善友请我演讲。我以为谈玄说妙，虽然极为高尚，但于现在行持终觉了不相涉。所以今天我所讲的，且就常人现在即能实行的，约略说之。

因为专尚谈玄说妙，譬如那饥饿的人，来研究食谱，虽山珍海错之名，纵横满纸，如何能够充饥。倒不如现在得到几种普通的食品，即可入口，得充一饱，才于实事有济。

以下所讲的，分为三段。

（一）深信因果

因果之法，虽为佛法入门的初步，但是非常的重要，无论何人皆须深信。何谓因果？因者好比种子，下在田中，将来可以长成为果实。果者譬如果实，自种子发芽，渐渐地开花结果。

我们一生所作所为，有善有恶，将来报应不出下列：

桃李种长成为桃李——作善报善

荆棘种长成为荆棘——作恶报恶

所以我们要避凶得吉，消灾得福，必须要厚植善因，努力改过迁善，将来才能够获得吉祥福德之好果。如果常作恶因，而要想免除凶祸灾难，哪里能够得到呢？

所以第一要劝大众深信因果，了知善恶报应，一丝一毫也不会差的。

（二）发菩提心

“菩提”二字是印度的梵语，翻译为“觉”，也就是成佛的意思。发者，是发起，故发菩提心者，便是发起成佛的心。为什么要成佛呢？为利益一切众生。须如何修持乃能成佛呢？须广修一切善行。以上所说的，要广修一切善行，利益一切众生，但须如何才能够彻底呢？须不着我相。所以发菩提心的人，应发以下之三种心：

（1）大智心：不着我相。此心虽非凡夫所能发，亦应随分观察。

（2）大愿心：广修善行。

（3）大悲心：救众生苦。

又发菩提心者，须发以下所记之四弘誓愿：

（1）众生无边誓愿度：菩提心以大悲为体，所以先说度生。

（2）烦恼无尽誓愿断：愿一切众生，皆能断无尽之烦恼。

（3）法门无量誓愿学：愿一切众生，皆能学无量之法门。

（4）佛道无上誓愿成：愿一切众生，皆能成无上之佛道。

或疑烦恼以下之三愿，皆为我而发，如何说是愿一切众生？这里有两种解释：一就浅来说，我也就是众生中的一人，现在所说的众生，我也在其内。再进一步言，真发菩提心的，必须彻悟法性平等，决不见我与众生有什么差别，如是才能够真实和菩提心相应。所以现在发愿，说愿一切众生，有何妨耶！

（三）专修净土

既然已经发了菩提心，就应该努力地修持。但是佛所说的法门很多，深浅难易，种种不同。若修持的法门与根器不相契合的，用力多而收效少。倘与根器相契合的，用力少而收效多。在这末法之时，大多数众生的根器，和哪一种法门

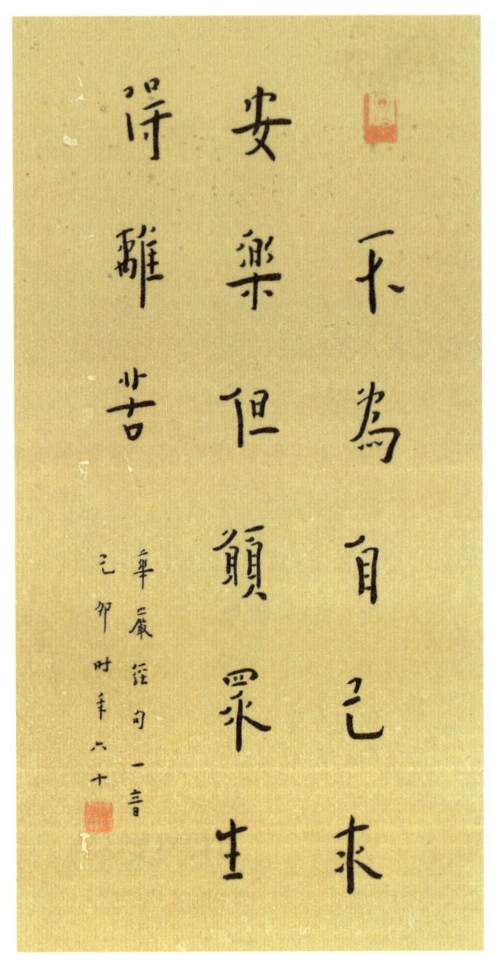

李叔同书法

最相契合呢？说起来只有净土宗。因为泛泛修其他法门的，在这五浊恶世，无佛应现之时，很是困难。若果专修净土法门，则依佛大慈大悲之力，往生极乐世界，见佛闻法，速证菩提，比较容易得多。所以龙树菩萨曾说，前为难行道，后为易行道，前如陆路步行，后如水道乘船。

关于净土法门的书籍，可以首先阅览者，《初机净业指南》《印光法师嘉言录》《印光法师文钞》等。依此就可略知净土法门的门径。

近几个月以来，我在泉州各地方讲经，身体和精神都非常的疲劳。这次到贵处来，匆促演讲，不及预备，所以本说的未能详尽。希望大众原谅。

（弘一法师之《佛法之简易修持法》，讲于永春桃源殿）

至人行事，所见独真

一

众生沉沦于苦海，必赖慈航救济，而后度脱有期。佛法化导于世间，全仗经像住持，而后灯传无尽。以是之故，凡能发心，对于佛经佛像，或刻或写，或雕或塑，或装金或绘画，如是种种印造等法，或竭尽己心，独力营办，或自力不足，广劝众人，或将他人之已印造者，为之流通，为之供养，或见他人之方印造者，为之赞助，为之欢喜，其人功德，皆至广至大，不可以寻常算数计。何以故？佛力无边，善拔诸苦。众生无量，闻法为难。今作此印造功德者，开通法桥，宏扬大化，遍施宝筏，普济有缘。其心量之广大，实不可思议。故其功德之广大，亦复不可思议也。敬本诸经所说，略举十大利益。谨用浅文，诠次如下：

（一）从前所做种种罪过，轻者立即消灭，重者亦得转轻。

贪嗔痴，为造孽种子；身口意，为作恶机关。清夜自检，此生所犯者已多不可计。若合多生所犯者言之，所造罪业，多于寒地之冰山，能勿骇惧？虽然，罪性本空，苟一动赎罪心机，誓愿流通圣经、庄严佛像。罪恶冰山，一遇慧日，有不消灭于无形者乎？

（二）常得吉神拥护。一切瘟疫、水火、寇盗、刀兵、牢狱之灾，悉皆不受。

人间种种恶报，无往而非多生恶业所感。一念之善，力可回天。修行善业，而从最方便易行之印造经像之殊胜功德上做去，其感动吉神，而蒙护卫，此中实有相互获益之关系。盖神道、天道，自佛法言之，均为夙业所驱，未脱长劫轮转之苦因。所以如来说法，常有无数天神，恭敬拥护。阿难集经，四大天王为之捧案。印造经像，为诸天龙神，非常欢喜之事。以此功德，而感吉神，常为拥护。终此报身，离诸灾厄，宜也。

（三）夙生怨对，咸蒙法益，而得解脱，永免寻仇报复之苦。

人间一切争持、嫉妒、诈欺、诬陷、掠夺、残杀等种种构怨行为，莫不起因于自私自利之一念。佛法以破除我执，为救苦雪难第一工程。印造经像，普益人间，为不可思议之法施功德，所及至广。法雨一滴，熄灭多生怨对之嗔火而有余。化仇而为恩，转祸而为福。其权何尝不操之自我也。

（四）夜叉恶鬼，不能侵犯；毒蛇饿虎，不能为害。

悭贪丑行，为堕落鬼道之深因；嗔火无明，为降作毒虫之征兆。结怨多生，寻仇百劫。恶缘未熟，任尔逍遥。时会

四大金刚

已来，凭谁解救。鬼魅相侵，虎蛇见逼。孽由自作，事非偶然。修士惕之，印造经像，预行忏罪。于是纵有恶缘，悉皆消释。倘临险地，胥化坦途矣。

（五）心得安慰，日无险事，夜无恶梦。颜色光泽，气力充盛，所作吉利。

尘世多众，十之七八在惊忧、疑闷、懊怨、痛苦中。吾人一生，十之七八在惊忧、疑闷、懊怨、痛苦中。盖为我计者，我以外各各皆立于敌对之地位。孤与众抗，危孰甚焉。况乎欲心难餍，有如深谷。无事自扰，不风亦波。此所以形为罪薮，身为苦本也。佛法善灭诸苦本。彼印造经像者，或以亲沾法味而开明，或则暗受加被而通利。诸障雪消，心安神怡。润及色身，有断然者。

（六）至心奉法，虽无希求，自然衣食丰足，家庭和睦，福寿绵长。

至人行事，所见独真。事机一至，急起直追做去。无顾虑，无希求，发心至真切，用力至肫挚，自然成就至超卓。印造经像之事，以如是肫切恳挚、至诚格天、至心奉法之人为之，虽不计功德，而所得功德，实无限量。即仅就其人所得一部分之世间福言之，自然一一具足，而无少欠缺。苟或有人，心存希望，而始行善，发心不真切，结果即微薄，可决言焉。虽然，一念之善，一文之细，皆不虚弃，皆有无量胜果。譬之粒谷播于肥地，一传化百，五传而后得百万兆。作宏法功德者，乌可无此大计、无此决心哉！

李叔同书法

（七）所言所行，人天欢喜。任到何方，常为多众倾诚爱戴、恭敬礼拜。

夙生存嫉妒心，造诽谤语，扬人恶事，暴人短处，称快一时者，殁后沉沦百劫，惨苦万状，备受一切恶报。一旦出生人间，因缘恶劣，任至何地，动遭厌恶，任作何事都无结果。而宏扬佛法之人，善因夙植，存报恩之心，充利群之念，或净三业，作写经画像功德，或舍多金，作印经造像功德，所得胜福不可称量。现在一切受大众欢敬之人，原从夙生宏法功德中来。往后一切令大众欢敬之人，实从现今宏法功德中出。植荆得刺，栽莲得藕，一一后果，胥由自艺也。

（八）愚者转智，病者转健，困者转亨。为妇女者，报谢之日，捷转男身。

夙生吝于教导，以及肆口谤法，肆意毁谤有德之人者，沉沦重罪毕受后，还得多生蠢愚无知报。夙生为贪口腹，恣杀牲禽，以及曾为渔夫、屠夫、猎户、庖丁，与曾操制造凶器、火器、毒药等权，助成他人凶杀之业者，沉沦重罪毕受后，还得多生恶疾残废报。夙生贪欲无厌，止知剥人以肥己，悭吝鄙啬，不肯周急而解囊者，沉沦重罪毕受后，还得多生贫穷困厄报。夙生知见狭劣，心存谄曲，巧言令色，掩饰行欺，逐境攀援，容量浅窄，因循怠惰，倚赖性成，烦恼垢重，忿愤易发，妒忌心深，情欲炽盛者，沉沦重罪毕受后，还得多生女身报。唯有佛法，善解诸缚。苦海无边，回头即岸；罪

尘缘影为自心相”是也……窃谓吾人办道，能伏我执，已甚不易，何况断除。故莲池大师云：“当今之世，未有能认初果者。夫初果，仅能断见惑，已不可得，遑论其他。”彻悟禅师云：“但断见惑，如断四十里流，况思惑乎？”故竖出三界，甚难甚难。若持名念佛，横出三界，校之竖出者，不亦省力乎？蕅益大师亦云：“尤始妄认有己，何尝实有己哉。或未顿悟，亦不必作意求悟。但专戒净戒，求生净上，功深力到，现前当来，必悟无己之体。悟无己，即见佛，即成佛矣。”又云：“倘不能真心信入，亦不必别起疑情。更不必错了承当。只深信持戒念佛，自暮地信去。”由是观之，吾人专修净业，不必如彼禅教中人，专恃己力，作意求破我执。若一心念佛，获证三昧，我执自尔消除。较彼禅教中人专恃己力竖出上界者，其难易，奚啻天渊那！（若现身三昧未成，生品不高，当来见佛闻法时，见惑即断。但得见弥陀，何愁不开恰。《无量寿

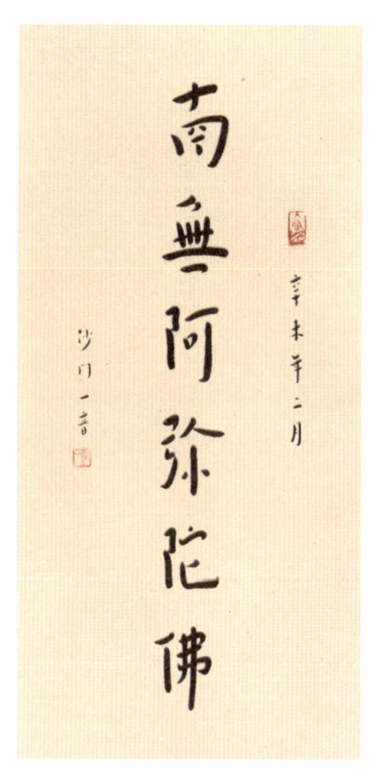

李叔同书法

经》四十八愿中有云："设我得佛，国中天人，若起想念贪计身者，不取正觉。"诚言如此，所宜深信。）但众生根器不一，有宜一门深入者，有应兼修他行者，所宜各自量度，未可妄效他人。随分随力，因病下药，庶乎其不差耳。

（此文为李叔同1925年写给邓寒香的信）

敬三宝

三宝者，佛法僧也。其义甚广，今唯举其少分之义耳。

今言佛者，且约佛像而言，如木石等所雕塑及纸画者也。

今言法者，且约经律论等书册而言，或印刷或书写也。

今言僧者，且约当世凡夫僧而言，因菩萨罗汉等附入敬佛门也。

第一，敬佛

略举常人所应注意者数条。

礼佛时宜洗手漱口，至诚恭敬，缓缓而拜，不可急忙，宁可少拜，不可草率。佛几清洁，供香端直，供佛之物，以烹调精美人所能食者为宜。今多以食物之原料及罐头而供佛者殊为不敬，蕅益大师《大悲咒行法》中曾痛斥之。又供佛宜在午前，不宜过午也。供水果亦宜午前。供水宜捧奉式。供花，花瓶水宜常换。

纸画之佛像，不可仅以绫裱，恐染蝇粪等秽物也（少蝇者或可）。宜装入玻璃镜中。

木石等雕塑者，小者应入玻璃龛中，大者应作宝盖罩之，并须常拂拭像上之尘土。

凡大殿及供佛之室中，皆不宜踞坐笑谈。如对于国王大臣乃至宾客之前尚应恭敬，慎护威仪，何况对佛像耶！不可佛前晒衣服，宜偏侧。不得在殿前用夜壶水浇花。若卧室中供佛像者，眠时应以净布遮障。

敬　佛

第二，敬法

略举常人所应注意者数条。

读经之时，必须洗手漱口拭儿，衣服整齐，威仪严肃，与礼佛时无异。蕅益大师云："展卷如对活佛，收卷如在目前，千遍万遍，寤寐不忘。"如是乃能获读经之实益也。

对于经典应十分恭敬护持，万不可令其污损。又翻篇时宜以指腹轻轻翻之，不可以指爪划，又不应折角，若欲记志，以纸片夹入可也。

若经典残缺者亦不可烧。卧室中几上置经典者，眠时应以净布盖之。

附每日诵经时仪式礼佛——多少不拘。赞佛——经偈或天上天下无如佛等,阿弥陀佛身金色等,“炉香乍热”不是赞佛。

供养——愿此香华云等。

读经回向——不拘，或用我此普贤殊胜行等。

第三，敬僧

略举常人所应注意者数条。

凡剃发披袈裟者，皆是释迦佛子，在家人见之，应一例生恭敬心；不可分别持戒破戒。

若皈依三宝时，礼一出家人为师而作证明者，不可妄云皈依某人。因所皈依者为僧，非皈依某一人，应于一切僧众，若贤若愚，生平等心，至诚恭敬，尊之为师，自称弟子。则与皈依僧伽之义，乃符合矣。

供养僧者亦尔。不可专供有德者，应于一切僧生平等心，普遍供之,乃可获极大之功德也。专赠一人功德小,供众者功德大。

出家人若有过失，在家人闻之，万不可轻言。此为佛所痛诫者，最宜慎之。

以上已略言敬三宝义竟。兹附有告者,厦门泉州神庙甚多,在家人敬神，每用猪鸡等物。岂知神皆好善而恶杀，今杀猪鸡等物而供神，神不受享，又安能降福而消灾耶。唯愿自今以后，痛革此种习惯，凡敬神时，亦一例改用素食，则至善矣。

（本文系弘一法师1933年6月7日在泉州大开元寺所讲）

明心见性

诸君应知改过之事，乃是十分光明磊落，足以表示伟大之人格。

我在西湖出家的经过

杭州这个地方，实堪称为佛地，因为那边寺庙之多，约有两千余所，可想见杭州佛法之盛了。

最近越风社要出关于西湖的增刊，由黄居士来函，要我作一篇《西湖与佛教之因缘》，我觉得这个题目的范围太广泛了，而且又无参考书在手，于短期间内是不能作成的。

所以现在就将我从前在西湖居住时，把那些值得追味的几件零碎的事情来说一说，也算是纪念我出家的经过。

杭州之缘

我第一次到杭州，是光绪二十八年七月（本篇所记的年月，皆依旧历）。

在杭州住了约莫一个月光景，但是并没有到寺院里去过。只记得有一次到涌金门外去吃过一回茶而已，而同时也就把西湖的风景，稍微看了一下子。

第二次到杭州时，那是民国元年的七月里。这回到杭州倒住得很久，一直住了近十年，可以说是很久的了。

我的住处在钱塘门内，离西湖很近，只两里路光景。

在钱塘门外，靠西湖边，有一所小茶馆，名景春园，我常常一个人出门，独自到景春园的楼上去吃茶。当民国初年的时候，西湖那边的情形，完全与现在两样。那时候还有城墙及很多柳树，都是很好看的。除了春秋两季的香会之外，西湖边的人总是很少，而钱塘门外，更是冷静了。

在景春园的楼下，有许多的茶客，都是那些摇船抬轿的劳动者居多。而在楼上吃茶的就只有我一个人了。所以我常常一个人在上面吃茶，同时还凭栏看看西湖的风景。

在茶馆的附近，就是那有名的大寺院——昭庆寺了。

我吃茶之后，也常常顺便地到那里去看一看。

当民国二年夏天的时候，我曾在西湖的广化寺里面住了好几天，但是住的地方，却不是在出家人的范围之内，那是在该寺的旁边，有一所叫做“痘神祠”的楼上。

痘神祠是广化寺专门为着要给那些在家的客人住的。当时我住在里面的时候，有时也曾到出家人所住的地方去看看，心里却感觉得很有意思呢！

记得那时我亦常常坐船到湖心亭去吃茶。

曾有一次，学校里有一位名人来演讲。那时，我和夏丏尊居士两人，却出门躲避，而到湖心亭上去吃茶呢！当时夏

李叔同绘画作品

丏尊曾对我说：“像我们这种人，出家做和尚倒是很好的！”那时候我听到这句话，就觉得很有意思，这可以说是我后来出家的一个远因了。

虎跑寺断食

到了民国五年的夏天，我因为看到日本杂志中，有说及关于断食方法的，谓断食可以治疗各种疾病。当时我就起了一种好奇心，想来断食一下，因为我那个时候，患有神经衰弱症，若实行断食后，或者可以痊愈亦未可知。要行断食时，须于寒冷的季候方宜，所以我便预定十一月来作断食的时间。

至于断食的地点呢？总须先想一想，考虑一下，似觉总要有个很幽静的地方才好。当时我就和西泠印社的叶品三君来商量，结果他说在西湖附近的地方，有一所虎跑寺，可作为断食的地点。

那么我就问他：“既要到虎跑寺去，总要有人来介绍才对，究竟要请谁呢？”他说：“有一位丁辅之，是虎跑寺的大护法，可以请他去说一说。”于是他便写信请丁辅之代为介绍了。

因为从前那个时候的虎跑，不是像现在这样热闹的，而是游客很少，且十分冷静的地方啊。若用来作为我断食的地点，可以说是最相宜的了。

到了十一月的时候，我还不曾亲自到过，于是我便托人到虎跑寺那边去走一趟，看看在哪一间房里住好。看的人回来后说，在方丈楼下的地方，倒很幽静的。因为那边的房子很多，且平常的时候都是关起来，客人是不能走进去的。而在方丈楼上则只有一位出家人住着而已，此外并没有什么人居住。

虎跑寺一角

等到十一月底，我到了虎跑寺，就住在方丈楼下的那间屋子里了。我住进去以后，常常看到一位出家人在我的窗前经过，即是住在楼上的那一位，我看到他却十分欢喜呢！因此就时常和他来谈话，同时他也拿佛经来给我看。

我以前虽然从五岁时，即时常和出家人见面，时常看见出家人到我的家里念经及拜忏，而于十二三岁时，也曾学了放焰口，可是并没有和有道德的出家人住在一起，同时也不知道寺院中的内容是怎样，以及出家人的生活又是如何。

这回到虎跑去住，看到他们那种生活，却很欢喜而且羡慕起来了！

我虽然在那边只住了半个多月，但心里头却十分地愉快，而且对于他们所吃的菜蔬，更是欢喜吃。及回到了学校，以后我就请佣人依照他们那种样的菜煮来吃。

这一次，我到虎跑寺去断食，可以说是我出家的近因了。

出家受戒

及到了民国六年的下半年，我就发心吃素了。

在冬天的时候，我即请了许多的经，如《普贤行愿品》《楞严经》及《大乘起信论》等很多的佛经，而于自己的房里，也供起佛像来，如地藏菩萨、观世音菩萨等等的像，于是亦天天烧香了。

到了这一年放年假的时候，我并没有回家去，而到虎跑寺里面去过年。我仍旧住在方丈楼下，那个时候，则更感觉得有兴味了。于是就发心出家，同时就想拜那位住在方丈楼上的出家人作师父。

他的名字是弘详师，可是他不肯让我去拜他，而介绍我拜他的师父。他的师父是在松木场护国寺里面居住的，于是他就请他的师父回到虎跑寺来。而我也就于民国七年正月十五日受三皈依了。

我打算于此年的暑假来入山，而预先在寺里面住了一年后，然后再实行出家的。当这个时候，我就做了一件海青，及学习两堂功课。

在二月初五日那天，是我的母亲的忌日，于是我就先于两天以前到虎跑去，在那边诵了三天的《地藏经》，为我的母亲回向。

到了五月底的时候，我就提前先考试，而于考试之后，即到虎跑寺入山了。到了寺中一日以后，即穿出家人的衣裳，而预备转年再剃度的。

及至七月初的时候，夏丏尊居士来，他看到我穿出家人的衣裳但还未出家，他就对我说："既住在寺里面，并且穿了出家人的衣裳，而不即出家，那是没有什么意思的，所以还是赶紧剃度好。"

我本来是想转年再出家的，但是承他的劝，于是就赶紧出家了。便于七月十三日那一天，相传是大势至菩萨的圣诞，所以就在那天落发。

落发以后，仍须受戒的。于是由林同庄君的介绍，而到灵隐寺去受戒了。

灵隐寺是杭州规模最大的寺院，我一向是对它很欢喜的，我出家以后曾到各处的大寺院看过，但是总没有像灵隐寺那么的好！

灵隐寺“咫尺西天”照壁

八月底，我就到灵隐寺去，寺中的方丈和尚却很客气，叫我住在客堂后面芸香阁的楼上。当时是由慧明法师作大师父的，有一天我在客堂里遇到这位法师了。他看到我时，就说起：“既系来受戒的，为什么不进戒堂呢？虽然你在家的时候是读书人，但是读书人就能这样地随便吗？就是在家时是一个皇帝，我也是一样看待的。”那时方丈和尚仍是要我住在客堂楼上，而于戒堂里面有了紧要的佛事时，方命我去参加一两回的。

那时候我虽然不能和慧明法师时常见面，但是看到他那种的忠厚、笃实，却是令我佩服不已的。

受戒以后，我就住在虎跑寺内。到了十二月，即搬到玉泉寺去住，此后即常常到别处去，没有久住在西湖了。

慧明法师

曾记得在民国十二年夏天的时候，我曾到杭州去过一回。那时正是慧明法师在灵隐寺讲《楞严经》的时候。

开讲的那一天，我去听他说法。因为好几年没有看到他，觉得他已苍老了不少，头发且已斑白，牙齿也大半脱落。我当时大为感动，于拜他的时候，不由泪落不止！

听说以后没有经过几年工夫，慧明法师就圆寂了。

关于慧明法师一生的事迹，出家人中晓得的很多，现在我且举几样事情，来说一说。

慧明法师是福建的汀州人。他穿的衣服却不考究，看起来很不像法师的样子，但他待人是很平等的。无论你是大好佬或是苦恼子，他都是一样地看待。

所以凡是出家在家的上中下各色各样的人物，对于慧明法师是没有一个不佩服的。

他老人家一生所做的事情固然很多，但是最奇特的，就是能教化“马溜子”（马溜子是出家流氓的称呼）了。

寺院里是不准这班“马溜子”居住的。他们总是住在凉亭里的时候为多，听到各处的寺院有人打斋的时候，他们就会集了赶斋（吃白饭）去。

在杭州这一带地方，马溜子是特别来得多。一般人总不把他们当人看待，而他们亦自暴自弃，无所不为的。

但是慧明法师却能够教化马溜子呢！

那些马溜子常到灵隐寺去看慧明法师，而他老人家却待他们很客气，并且布施他们种种好饮食、好衣服等。他们要什么就给什么，而慧明法师有时也对他们说几句佛法以资感化。

慧明法师的腿是有毛病的。出来入去的时候，总是坐轿子居多。

有一次他从外面坐轿回灵隐时，下了轿后，旁人看到慧明法师是没有穿裤子的，他们都觉得很奇怪，于是就问他道：“法师为什么不穿裤子呢？”他说他在外面碰到了马溜子，因为向他要裤子，所以他连忙把裤子脱给他了。

关于慧明法师教化马溜子的事，外边的传说很多很多，我不过略举了这几样而已。不单那些“马溜子”对于慧明法师有很深的钦佩和信仰，即其他一般出家人，亦无不佩服的。

因为多年没有到杭州去了。西湖边上的马路、洋房也渐渐修筑得很多，而汽车也一天比一天增加，回想到我以前在西湖边上居住时，那种闲静幽雅的生活，真是如同隔世，现在只能托之于梦想了。

不做应酬和尚

一

佛教养正院已办有四年了。诸位同学初来的时候，身体很小，经过四年之久，身体皆大起来了，有的和我也差不多。啊！光阴很快。人生在世，自幼年至中年，自中年至老年，虽然经过几十年之光景，实与一会儿差不多。就我自己而论，我的年纪将到六十了，回想从小孩子的时候起到现在，种种经过如在目前。啊！我想我以往经过的情形，只有一句话可以对诸位说，就是“不堪回首”而已。

我常自来想，啊！我是一个禽兽吗？好像不是，因为我还是一个人身。我的天良丧尽了吗？好像还没有，因为我尚有一线天良常常想念自己的过失。我从小孩子起一直到现在都埋头造恶吗？好像也不是，因为我小孩了的时候，常行袁了凡的《功过格》，三十岁以后，很注意于修养，初出家时，也不是没有道心。虽然如此，但出家以后一直到现在，便大

弘一法师老年时

不同了：因为出家以后二十年之中，一天比一天堕落，身体虽然不是禽兽，而心则与禽兽差不多。天良虽然没有完全丧尽，但是昏愦糊涂，一天比一天厉害，抑或与天良丧尽也差不多了。讲到埋头造恶的一句话，我自从出家以后，恶念一天比一天增加，善念一天比一天退失，一直到现在，可以说是醇乎其醇的一个埋头造恶的人，这个也无须客气也无须谦让了。

就以上所说看起来，我从出家后已经堕落到这种地步，真可令人惊叹；其中到闽南以后十年的工夫，尤其是堕落的堕落。去年春间曾经在养正院讲过一次，所讲的题目，就是“南闽十年之梦影”，那一次所讲的，字字之中，都可以看到我的泪痕。诸位应当还记得吧。

可是到了今年，比去年更不像样子了；自从正月二十到泉州，这两个月之中，弄得不知所云。不只我自己看不过去，就是我的朋友也说我以前如闲云野鹤，独往独来，随意栖止，何以近来竟大改常度，到处演讲，常常见客，时时宴会，简直变成一个“应酬的和尚”了，这是我的朋友所讲的。啊！“应酬的和尚”这五个字，我想我自己近来倒很有几分相像。

如是在泉州住了两个月以后，又到惠安到厦门到漳州，都是继续前稿；除了利养，还是名闻，除了名闻，还是利养。日常生活，总不在名闻利养之外，虽在瑞竹岩住了两个月，稍少闲静，但是不久，又到祈保亭冒充善知识，受了许多的善男信女的礼拜供养，可以说是惭愧已极了。

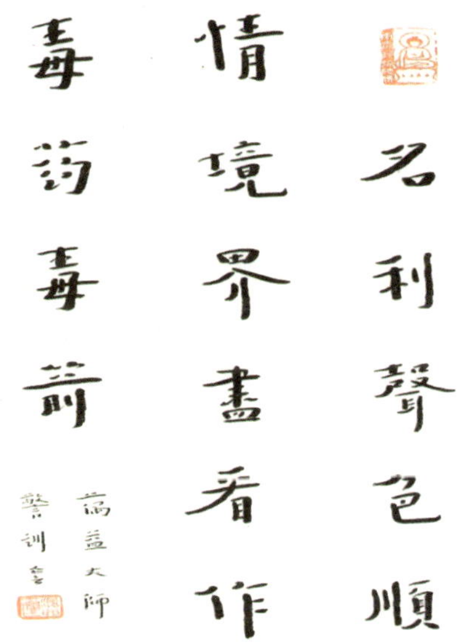

李叔同书法

九月又到安海，住了一个月，十分的热闹。近来再到泉州，虽然时常起一种恐惧厌离的心，但是仍不免向这一条名闻利养的路上前进。可是近来也有件可庆幸的事，因为我近来得到永春十五岁小孩子的一封信。他劝我以后不可常常宴会，要养静用功；信中又说起他近来的生活，如吟诗、赏月、看花、静坐等，洋洋千言的一封信。啊！他是一个十五岁的小孩子，竟有如此高尚的思想，正当的见解；我看到他这一封信，真是惭愧万分了。我自从得到他的信以后，就以十分坚决的心，谢绝宴会，虽然得罪了别人，也不管他，这个也可算是近来一件可庆幸的事了。

虽然是如此，但我的过失也太多了，可以说是从头至足，没有一处无过失，岂只谢绝宴会，就算了结了吗？尤其是今年几个月之中，极力冒充善知识，实在是太为佛门丢脸。别人或者能够原谅我；但我对我自己，绝不能够原谅，断不能如此马马虎虎地过去。所以我近来对人讲话的时候，绝不顾惜情面，决定赶快料理没有了结的事情，将“法师”、“老法师”、“律师”等名目，一概取消，将学人侍者等一概辞谢；孑然一身，遂我初服，这个或者亦是我一生的大结束了。

啊！再过一个多月，我的年纪要到六十了。像我出家以来，既然是无惭无愧，埋头造恶，所以到现在所做的事，大半支离破碎不能圆满，这个也是份所当然。只有对于养正院诸位同学，相处四年之久，有点不能忘情；我很盼望养正院从此以后，能够复兴起来，为全国模范的僧学院。可是我的年纪老了，又没有道德学问，我以后对于养正院，也只可说“爱莫能助”了。

啊！与诸位同学谈得时间也太久了，且用古人的诗来作临别赠言。诗云：

□□□□□□□ 万事都从缺陷好

吟到夕阳山外山 古今谁免余情绕

（本文原标题为《最后之□□》，为弘一法师1938年11月14日在南普陀寺佛教养正院同学会席上讲）

二

朽人初出家时，常读灵峰诸书，于“不可轻举妄动，贻羞法门”“人之患在好为人师”等语，服膺不忘。岂料此次到南闽后，遂尔失足，妄踞师位，自命知律，轻评时弊，专说人非。大言大惭，罔知自省。去冬大病，实为良药。但病后精力乍盛，又复妄想冒充善知识。卒以障缘重重，遂即中止。至古浪后，境缘愈困，烦恼愈增。因以种种方便，努力对治。幸承三宝慈力加被，终获安稳。但经此风霜磨炼，遂得天良发现，生大惭愧。追念往非，噬脐无及。决定先将“老法师”、“法师”、“大师”、“律师”等诸尊号一概取消。以后誓不敢作冒牌交易。且退而修德，闭门思过。并拟将《南山三大部》重标点一次，誓以努力随分研习。倘天假之年，成就此愿。数载之后，或以一得之愚，卑陬下座，与仁等共相商榷也。

（此信为弘一法师1936年写给仁开法师）

闻诽不辩

今值旧历新年，请观厦门全市之中，新气象充满，门户贴新春联，人多着新衣，口言恭贺新喜、新年大吉等。我等素信佛法之人，当此万象更新时，亦应一新乃可。我等所谓新者何，亦如常人贴新春联、着新衣等以为新乎？曰：不然。我等所谓新者，乃是改过自新也。但“改过自新”四字范围

杭州弘一法师纪念馆馆藏

太广，若欲演讲，不知从何说起。今且就余五十年来修省改过所实验者，略举数端为诸君言之。

余于讲说之前，有须预陈者，即是以下所引诸书，虽多出于儒书，而实合于佛法。因谈玄说妙修证次第，自以佛书最为详尽。而我等初学之人，持躬敦品、处事接物等法，虽佛书中亦有说者，但儒书所说，尤为明白详尽适于初学。故今多引之，以为吾等学佛法者之一助焉。以下分为总论别示二门。

总论者即是说明改过之次第：

（一）学　须先多读佛书儒书，详知善恶之区别及改过迁善之法。倘因佛儒诸书浩如烟海，无力遍读，而亦难于了解者，可以先读《格言联璧》一部。余自儿时，即读此书。皈信佛法以后，亦常常翻阅，甚觉其亲切而有味也。此书佛学书局有排印本甚精。

（二）省　既已学矣，即须常常自己省察，所有一言一动，为善欤，为恶欤？若为恶者，即当痛改。除时时注意改过之外，又于每日临睡时，再将一日所行之事，详细思之。能每日写录日记，尤善。

（三）改　省察以后，若知是过，即力改之。诸君应知改过之事，乃是十分光明磊落，足以表示伟大之人格。故子贡云："君子之过也，如日月之食焉；过也人皆见之，更也人皆仰之。"又古人云："过而能知，可以谓明。知而能改，可以即圣。”诸君可不勉乎！

别示者，即是分别说明余五十年来改过迁善之事。但其事甚多，不可胜举。今且举十条为常人所不甚注意者，先与诸君言之。《华严经》中皆用十之数目，乃是用十以表示无尽之意。今余说改过之事，仅举十条，亦尔；正以示余之过失甚多，实无尽也。此次讲说时间甚短，每条之中仅略明大意，未能详言，若欲知者，且俟他日面谈耳。

（一）虚心　常人不解善恶，不畏因果，决不承认自己有过，更何论改？但古圣贤则不然。今举数例：孔子曰：“五十以学易，可以无大过矣。”又曰：“闻义不能徙，不善不能改，是吾忧也。”蘧伯玉为当时之贤人，彼使人于孔子。孔子与之坐而问焉，曰：“夫子何为？”对曰：“夫子欲寡其过而未能也。”圣贤尚如此虚心，我等可以贡高自满乎！

（二）慎独　吾等凡有所作所为，起念动心，佛菩萨乃至诸鬼神等，无不尽知尽见。若时时作如是想，自不敢胡作非为。曾子曰：“十目所视，十手所指，其严乎！”又引诗云：“战战兢兢，如临深渊，如履薄冰。”此数语为余所常常忆念不忘者也。

（三）宽厚　造物所忌，曰刻曰巧。圣贤处事，唯宽唯厚。古训甚多，今不详录。

（四）吃亏　古人云：“我不识何等为君子，但看每事肯吃亏的便是。我不识何等为小人，但看每事好便宜的便是。”古时有贤人某临终，子孙请遗训，贤人曰：“无他言，尔等只要学吃亏。”

（五）寡言　此事最为紧要。孔子云：“驷不及舌。”可畏哉！古训甚多，今不详录。

（六）不说人过　古人云：“时时检点自己且不暇，岂有工夫检点他人。”孔子亦云：“躬自厚而薄责于人。”以上数语，余常不敢忘。

（七）不文己过　子夏曰：“小人之过也必文。”我众须知文过乃是最可耻之事。

（八）不覆己过　我等倘有得罪他人之处，即须发大惭愧，生大恐惧。发露陈谢，忏悔前愆。万不可顾惜体面，隐忍不言，自诳自欺。

（九）闻谤不辩　古人云：“何以息谤？曰：无辩。”又云：“吃得小亏，则不至于吃大亏。”余三十年来屡次经验，深信此数语真实不虚。

（十）不嗔　嗔习最不易除。古贤云：“二十年治一怒字，尚未消磨得尽。”但我等亦不可不尽力对治也。《华严经》云：“一念嗔心，能开百万障门。”可不畏哉！

因限于时间，以上所言者殊略，但亦可知改过之大意。最后，余尚有数言，愿为诸君陈者：改过之事，言之似易，行之甚难。故有屡改而屡犯，自己未能强作主宰者，实由无始宿业所致也。务请诸君更须常常持诵阿弥陀佛名号，观世音地藏诸大菩萨名号，至诚至敬，恳切忏悔无始宿业，冥冥中自有不可思议之感应。承佛菩萨慈力加被，业消智朗，则改过自新之事，庶几可以圆满成就，现生优入圣贤之域，命终往生极乐之邦，此可为诸君预贺者也。

常人于新年时，彼此晤面，皆云恭喜，所以贺其将得名利。余此次于新年时，与诸君晤面，亦云恭喜，所以贺诸君将能真实改过，不久将为贤为圣；不久决定往生极乐，速成佛道，分身十方，普能利益一切众生耳。

（本文原名《改过试验谈》，为弘一法师1933年在厦门妙释寺所讲）

一事无成人渐老

一

我一到南普陀寺，就想来养正院和诸位法师讲谈讲谈，原定的题目是“余之忏悔”，说来话长，非十几小时不能讲完。近来因为讲律，须得把讲稿写好，总抽不出一个时间来，心里又怕负了自己的初愿，只好抽出很短的时间，来和诸位谈谈，谈我在南闽十年中的几件事情！

我第一回到南闽，在一九二八年的十一月，是从上海来的。起初还是在温州；我在温州住得很久，差不多有十年光景。

由温州到上海，是为着编辑《护生画集》的事，和朋友商量一切；到十一月底，才把《护生画集》编好。

那时我听人说：尤惜阴居士也在上海。他是我旧时很要好的朋友，我就想去看一看他。一天下午，我去看尤居士，居士说要到暹罗国去，第二天一早就要动身的。我听了觉得很喜欢，于是也想和他一道去。

我就在十几小时中，急急地预备着。第二天早晨，天还没大亮，就赶到轮船码头，和尤居士一起动身到暹罗国去了。从上海到暹罗，是要经过厦门的，料不到这就成了我来厦门的因缘。十二月初，到了厦门，承陈敬贤居士的招待，也在他们的楼上吃过午饭，后来陈居士就介绍我到南普陀寺来。那时的南普陀，和现在不同，马路还没有建筑，我是坐着轿子到寺里来的。

到了南普陀寺，就在方丈楼上住了几天。时常来谈天的，有性愿老法师、芝峰法师等。芝峰法师和我同在温州，虽不曾见过面，却是很相契的。现在突然在南普陀寺晤见了，真是说不出的高兴。

我本来是要到暹罗去的，因着诸位法师的挽留，就留滞在厦门，不想到暹罗国去了。

在厦门住了几天，又到小云峰那边去过年。一直到正月半以后才回到厦门，住在闽南佛学院的小楼上，约莫住了三个月工夫。看到院里面的学僧虽然只有二十几位，他们的态度都很文雅，而且很有礼貌，和教职员的感情也很不差，我当时很赞美他们。

这时芝峰法师就谈起佛学院里的课程来。他说："门类分得很多，时间的分配却很少，这样下去，怕没有什么成绩吧？"因此，我表示了一点意见，大约是说："把英文和算术等删掉，佛学却不可减少，而且还得增加，就把腾出来的时间教佛学吧！”他们都很赞成。听说从此以后，学生们的成绩，确比以前好得多了！

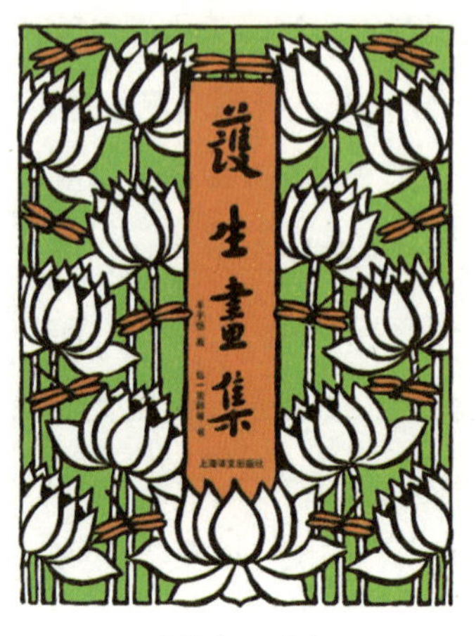
《护生画集》

我在佛学院的小楼上，一直住到四月间，怕将来的天气更会热起来，于是又回到温州去。

第二回到南闽，是在一九二九年十月。起初在南普陀寺住了几天，以后因为寺里要做水陆，又搬到太平岩去住。等到水陆圆满，又回到寺里，在前面的老功德楼住着。

当时闽南佛学院的学生，忽然增加了两倍多，约有六十多位，管理方面不免感到困难。虽然竭力地整顿，终不能恢复以前的样子。不久，我又到小雪峰去过年，正月半才到承天寺来。

那时性愿老法师也在承天寺，在起草章程，说是想办什么研究社。

不久，研究社成立了，景象很好，真所谓“人才济济”，很有一种难以形容的盛况。现在妙释寺的善契师、南山寺的传证师，以及已故南普陀寺的广究师……都是那时候的学僧哩！

研究社初办的几个月间，常住的经忏很少，每天有工夫上课，所以成绩卓著，为别处所少有。当时我也在那边教了两回写字的方法，遇有闲空，又拿寺里那些古版的藏经来整理整理，后来还编成目录，至今留在那边。这样在寺里约莫住了三个月，到四月，怕天气要热起来，又回到温州去。

一九三一年九月，广洽法师写信来，说很盼望我到厦门去。当时我就从温州动身到上海，预备再到厦门。但许多朋友都说时局不大安定，远行颇不相宜，于是我只好仍回温州。直到转年（即一九三二年）十月，到了厦门，计算起来，已是第三回了！

到厦门之后，由性愿老法师介绍，到山边岩去住；但其间妙释寺也去住了几天。那时我虽然没有到南普陀来住；但佛学院的学僧和教职员，却是常常来妙释寺谈天的。

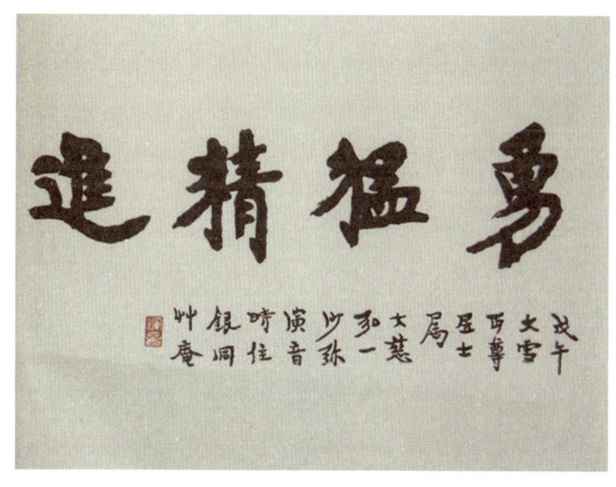

李叔同书法

一九三三年正月廿一日，我开始在妙释寺讲律。

这年五月，又移到开元寺去。

当时许多学律的僧众，都能勇猛精进，一天到晚地用功，从没有空过的工夫；就是秩序方面也很好，大家都啧啧地称赞着。

有一天，已是黄昏时候了，我在学僧们宿舍前面的大树下立着，各房灯火发出很亮的光；诵经之声，又复朗朗入耳，一时心中觉得有无限的欢慰！可是这种良好的景象，不能长久地继续下去，恍如昙花一现，不久就消失了。但是当时的景象，却很深地印在我的脑中，现在回想起来，还如在大树底下目睹一般。这是永远不会消灭，永远不会忘记的啊！

十一月，我搬到草庵来过年。

一九三四年二月，又回到南普陀。

当时旧友大半散了；佛学院中的教职员和学僧，也没有一位认识的。

我这一回到南普陀寺来，是准了常惺法师的约，来整顿僧教育的。后来我观察情形，觉得因缘还没有成熟，要想整顿，一时也无从着手，所以就作罢了。此后并没有到闽南佛学院去。

讲到这里，我顺便将我个人对于僧教育的意见，说明一下：

我平时对于佛教是不愿意去分别哪一宗、哪一派的，因为我觉得各宗各派，都各有各的长处。

但是有一点，我以为无论哪一宗哪一派的学僧，却非深信不可，那就是佛教的基本原则，就是深信善恶因果报应的道理——善有善报，恶有恶报；同时还须深信佛菩萨的灵感！这不仅初级的学僧应该这样，就是升到佛教大学也要这样！

善恶因果报应和佛菩萨的灵感道理，虽然很容易懂，可是能彻底相信的却不多。这所谓信，不是口头说说的信，是要内心切切实实去信的呀！

咳！这很容易明白的道理，若要切切实实地去信，却不容易啊！

我以为无论如何，必须深信善恶因果报应和诸佛菩萨灵感的道理，才有做佛教徒的资格！

须知善有善报，恶有恶报，这种因果报应，是丝毫不爽的！又须知我们一个人所有的行为，一举一动，以至起心动念，诸佛菩萨都看得清清楚楚！

一个人若能这样十分决定地信着，他的品行道德，自然会一天比一天地高起来！

要晓得我们出家人（就是所谓“僧宝”），在俗家人之上，地位是很高的。所以品行道德，也要在俗家人之上才行！

倘品行道德仅能和俗家人相等，那已经难为情了！何况不如？又何况十分的不如呢？……咳！这样他们看出家人就要十分地轻慢，十分地鄙视，种种讥笑的话，也接连地来了。

记得我将要出家的时候，有一位在北京的老朋友写信来劝告我，你知道他劝告的是什么？他说：“听到你要不做人，要做僧去……”咳！我们听到了这话，该是怎样的痛心啊！他以为做僧的，都不是人，简直把僧不当人看了！你想，这句话多么厉害呀！

出家人何以不是人？为什么被人轻慢到这地步？我们都得自己反省一下！我想：这原因都由于我们出家人做人太随便的缘故；种种太随便了，就闹出这样的话柄来了。

至于为什么会随便呢？那就是由于不能深信善恶因果报应和诸佛菩萨灵感的道理的缘故。倘若我们能够真正生信，十分决定地信，我想就是把你的脑袋斫掉，也不肯随便的了！

以上所说，并不是单单养正院的学僧应该牢记，就是佛教大学的学僧也应该牢记，相信善恶因果报应和诸佛菩萨灵感不爽的道理！

就我个人而论，已经是将近六十的人了，出家已有二十年，但我依旧喜欢看这类的书——记载善恶因果报应和佛菩萨灵感的书。

我近来省察自己，觉得自己越弄越不像了！所以我要常常研究这一类的书：希望我的品行道德，一天高尚一天；希望能够改过迁善，做一个好人；又因为我想做一个好人，同时我也希望诸位都做好人！

这一段话，虽然是我勉励我自己的，但我很希望诸位也能照样去实行！

关于善恶因果报应和佛菩萨灵感的书，印光老法师在苏州所办的弘化社那边印得很多，定价也很低廉；诸位若要看的话，可托广洽法师写信去购请，或者他们会赠送也未可知。

以上是我个人对于僧教育的一点意见。下面我再来说几样事情：

我于一九三五年到惠安净峰寺去住。到十一月，忽然生了一场大病，所以我就搬到草庵来养病。

这一回的大病，可以说是我一生的大纪念！

我于一九三六年的正月，扶病到南普陀寺来。在病床上有一只钟，比其他的钟总要慢两刻，别人看到了，总是说："这个钟不准。"我说："这是草庵钟！"别人听了"草庵钟"三

南普陀寺

字还是不懂：难道天下的钟也有许多不同的么？现在就让我详详细细地来说个明白：

我那一回大病，在草庵住了一个多月。摆在病床上的钟，是以草庵的钟为标准的。而草庵的钟，总比一般的钟要慢半点。

我以后虽然移到南普陀，但我的钟还是那个样子，比平常的钟慢两刻，所以“草庵钟”就成了一个名词了。这件事由别人看来，也许以为是很好笑的吧！但我觉得很有意思！因为我看到这个钟，就想到我在草庵生大病的情形了，往往使我发大惭愧，惭愧我德薄业重。

我要自己时时发大惭愧，我总是故意地把钟改慢两刻，照草庵那钟的样子；不止当时如此，到现在还是如此，而且愿尽形寿，常常如此。

以后在南普陀住了几个月，于五月间，才到鼓浪屿日光岩去。十二月仍回南普陀。

到今年，一九三七年，我在闽南居住，算起来，首尾已是十年了。

回想我在这十年之中，在闽南所做的事情，成功的却是很少很少，残缺破碎的居其大半，所以我常常自己反省，觉得自己的德行，实在十分欠缺！

因此近来我自己起了一个名字，叫“二一老人”。什么叫“二一老人”呢？这有我自己的根据。

记得古人有句诗:“一事无成人渐老。”清初吴梅村（伟业）临终的绝命词有:“一钱不值何消说。”这两句诗的开头都是“一”字，所以我用来做自己的名字，叫做“二一老人”。

因此我十年来在闽南所做的事，虽然不完满，而我也不怎样地去求它完满了！诸位要晓得：我的性情是很特别的，我只希望我的事情失败，因为事情失败、不完满，这才使我常常发大惭愧！能够晓得自己的德行欠缺，自己的修善不足，那我才可努力用功，努力改过迁善！

一个人如果事情做完满了，那么这个人就会心满意足，洋洋得意，反而增长他贡高我慢的念头，生出种种的过失来！所以还是不去希望完满的好！

不论什么事，总希望他失败，失败才会发大惭愧！倘若因成功而得意，那就不得了啦！

我近来，每每想到“二一老人”这个名字，觉得很有意味！

这“二一老人”的名字，也可以算是我在闽南居住了十年的一个最好的纪念！

（本文为弘一法师1937年在南普陀寺佛教养正院所讲）

李叔同书法

二

今日方知心是佛，前身安见我非僧。

事业文章俱草草，神仙富贵两茫茫。

凡事须求恰好处，此心常懔自欺时。

事能知足心常惬，人到无求品自高。

（本文为弘一法师1931年写给刘质平的信）

以出世的精神做世间事业

扫码分享电子版

今天所讲，就是深契时机的药师如来法门。我近年来，与人谈及药师法门时，所偏注重的有几样意思，今且举出，略说一下。

药师法门甚为广大，今所举出的几样，殊不足以包括药师法门的全体，亦只说是法门之一斑了。

（一）维持世法

佛法本以出世间为归趣，其意义高深，常人每难了解。若药师法门，不但对于出世间往生成佛的道理屡屡言及，就是最浅近的现代实际上人类生活亦特别注重。如经中所说："消灾除难，离苦得乐，福寿康宁，所求如意，不相侵陵，互为饶益"等，皆属于此类。就此可见佛法亦能资助家庭社会的生活，与维持国家世界的安宁，使人类在这现生之中即可得到佛法的利益。

或有人谓佛法是消极的，厌世的，无益于人类生活的，闻以上所说药师法门亦能维持世法，当不至对于佛法再生种

药师如来佛坐像

种误解了。

（二）辅助戒律

佛法之中，是以戒为根本的，所以佛经说：“若无净戒，诸善功德不生。”但是受戒容易，得戒为难，持戒不犯更为难。今若能依照药师法门去修持力行，就可以得到上品圆满的戒。假使于所受之戒有毁犯时，但能至心诚恳持念药师佛号并礼敬供养者，即可消除犯戒的罪，还得清净，不至再堕落在三恶道中。

（三）决定生西

佛法的宗派非常之繁，其中以净土宗最为兴盛。现今出家人或在家人修持此宗，求生西方极乐世界者甚多。但修净土宗者，若再能兼修药师法门，亦有资助决定生西的利益。依《药师经》说：“若有众生能受持八关斋戒，又能听见药师佛名，于其临命终时，有八位大菩萨来接引往西方极乐世界众宝莲花之中。”依此看来，药师虽是东方的佛，而也可以资助往生西方，能使吾人获得决定往生西方的利益。

再者，吾人修净土宗的，倘能于现在环境的苦乐顺逆一切放下，无所挂碍，则固至善。但是切实能够如此的，千万人中也难得一二。因为我们是处于凡夫的地位，在这尘世之时，对于身体衣食住处等，以及水火刀兵的天灾人祸，在在都不能不有所顾虑。倘使身体多病，衣食住处等困难，又或常常遇着天灾人祸的危难，皆足为用功办道的障碍。若欲免除此等障碍，必须兼修药师法门以为之资助，即可得到《药师经》中所说“消灾除难，离苦得乐”等种种利益也。

（四）速得成佛

《药师经》决非专说世间法的。因药师法门，唯是一乘速得成佛的法门。所以经中屡云：“速证无上正等菩提，速得圆满”等。

若欲成佛，其主要的原因，即是“悲智”两种愿心。《药师经》云：“应生无垢浊心，无怒害心，于一切有情起利益安乐慈悲喜舍平等之心”就是这个意思。前两句从反面转说，“无垢浊心”就是智心，“无怒害心”就是悲心。下一句正说，“舍”及“平等之心”就是智心，余属悲心。悲智为因，菩提为果，乃是佛法之通途。凡修持药师法门者，对于以上几句经文，尤宜特别注意，尽力奉行。

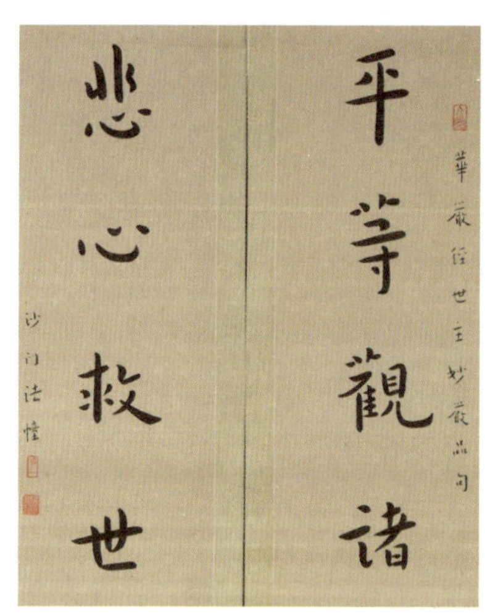

李叔同书法

假使不如此，仅仅注意在资养现实人生的事，则唯获人天福报，与夫出世间之佛法了无关系。若是受戒，也不能得上品圆满的戒。若是生西，也不能往生上品。

所以我们修持药师法门的，应该把以上几句经文特别注意，依此发起“悲智”的弘愿。假使如此，则能以出世的精神来做世间的事业，也能得上品圆满的戒，也能往生上品，将来速得成佛可无容疑了。

药师法门甚为广大，上所述者，不过是我常对人讲的几样意思。将来暇时，尚拟依据全部经义，编辑较完备的药师法门著作，以备诸君参考。

最后，再就持念药师佛名的方法，略说一下。念佛名时，应依经文，念曰“南无药师琉璃光如来”，不可念“消灾延寿药师佛”。

（本文为弘一法师1939年5月在永春普济寺讲）

受　戒

一

凡初发心人，既受三皈依，应续受五戒，倘自审一时不能全受者，即先受四戒、三戒乃至仅受一二戒都可。在家居士既闻法有素，知自行检点，严自约束，不蹈非礼，不敢轻率妄行，则杀生、邪淫、大妄语、饮酒之四戒，或可不犯。

唯有在社会上办事之人，欲不破盗戒，为最不容易事。例如与人合买地皮房屋，与人合做生意，报税纳捐时，未免有以多数报少数之事。因数人合伙，欲实报，则人以为愚，或为股东反对者有之。又不知而犯与明知违背法律而故犯之事，如信中夹寄钞票，与手写函件取巧掩藏，当印刷物寄，均犯盗税之罪。

凡非与而取，及法律所不许而取巧不纳，皆有盗取之心迹及盗取之行为，皆结盗罪。

非但银钱出入上，当严净其心；即微而至于一草一木、寸纸尺线，必须先向物主明白请求，得彼允许，而后可以使用;不待许可而取用，不曾问明而擅动，皆有不与而取之心迹，皆犯盗取盗用之行为，皆结盗罪。

（本文为弘一法师1926年8月在上海世界佛教居士林的开示记录）

二

我出家以来，在江浙一带并不敢随便讲经或讲律，更不敢赴什么传戒的道场，其缘故是因个人感觉着学力不足。三年来在闽南虽曾讲过些东西，自心总觉非常惭愧的。这次本寺诸位长者再三地唤我来参加戒期胜会，情不可却，故今天来与诸位谈谈，但因时间匆促，未能预备，参考书又缺少，兼以个人精神衰弱，拟在此共讲三天。今天先专为求授比丘戒者讲些律宗历史，他人旁听，虽不能解，亦是种植善根之事。

为比丘者应先了知戒律传入此土之因缘，及此土古今律宗盛衰之大概。由东汉至曹魏之初，僧人无归戒之举，唯剃发而已。魏嘉平年中，天竺僧人法时到中土，乃立羯磨受法，是为戒律之始。当是时可算是真实传授比丘戒的开始，渐渐达至繁盛时期。

大部之广律，最初传来的是《十诵律》，翻译斯部律者，系姚秦时的鸠摩罗什法师，庐山净宗初祖远公法师亦竭力劝请赞扬。六朝时此律最盛于南方。其次翻译的是《四分律》，时期和《十诵律》相去不远，但迟至隋朝乃有人弘扬提倡，至唐初乃大盛。第三部是《僧祇律》，东晋时翻译的，六朝时北方稍有弘扬者。刘宋时继《僧祇律》后，有《五分律》，翻译斯律之人，即是译六十卷《华严经》者，文精而简，道宣律师甚赞，可惜罕有人弘扬。至其后有《有部律》，乃唐武则天时义净法师的译著，即是西藏一带最通行的律。当初义净法师在印度有二十余年的历史，博学强记，贯通律学精微，非至印度之其他僧人所能及，实空前绝后的中国大律师。义净回国，翻译终毕，他年亦老了，不久即圆寂，以后无有人弘扬，可惜！可惜！此外诸部律论甚多，不遑枚举。

关于《有部律》，我个人起初见之甚喜，研究多年；以后因朋友劝告即改研《南山律》，其原因是《南山律》依《四分律》而成，又稍有变化，能适合吾国僧众之根器故。现在我即专就《四分律》之历史大略说些。

唐代是《四分律》最盛时期，以前所弘扬的是《十诵律》，《四分律》少人弘扬；至唐初《四分律》学者乃盛，共有三大派：一《相部律》，依法砺律师为主；二《南山律》，以道宣律师为主；三《东塔律》，依怀素律师为主。法砺律师在道宣之前，道宣曾就学于他。怀素律师在道宣之后，亦曾亲近法砺、道宣二律师。斯律虽有三大派之分，最盛行于世的可算《南山律》了。南山律师著作浩如烟海，其中《行事钞》最负盛名，是时任何宗派之学者皆须研《行事钞》；自唐至宋，解者六十余家，唯灵芝元照律师最胜，元照律师尚有许多其他经律的注释。元照后，律学渐渐趋于消沉，罕有人发心弘扬。

南宋后禅宗益盛，律学更无人过问，所有唐宋诸家的律学撰述数千卷悉皆散失；迨至清初，唯存《南山随机羯磨》一卷，如是观之，大足令人兴叹不已！明末清初有益、见月诸大师等欲重兴律宗，但最可憾者，是唐宋古书不得见。当时益大师著述有《毗尼事义集要》，初讲时人数已不多，以后更少；结果成绩颓然。见月律师弘律颇有成绩，撰述甚多，有解《随机羯磨》者，毗尼作持，与南山颇有不同之处，因不得见南山著作故！此外尚有最负盛名的《传戒正范》一部，从明末至今，传戒之书独此一部，传戒尚存之一线曙光，唯赖此书；虽与南山之作未能尽合，然其功甚大，不可轻视；但近代受戒仪轨，又依此稍有增减，亦不是见月律师《传戒正范》之本来面目了。

弘一大师遗著《南山律在家备览略篇》

南宋至清七百余年，关于唐宋诸家律学撰述，可谓无存；清光绪末年乃自日本请还唐宋诸家律书之一部分，近十余年间，在天津已刊者数百卷。此外《续藏经》中所收尚未另刊者，犹有数百卷。

今后倘有人发心专力研习弘扬，可以恢复唐代之古风，凡益、见月等所欲求见者今悉俱在；我们生此时候，实比益、见月诸大师幸福多多。

但学律非是容易的事情，我虽然学律近二十年，仅可谓为学律之预备，窥见了少许之门径；再预备数年，乃可着手研究，以后至少须研究二十年，乃可稍有成绩。奈我现在老了，恐不能久住世间，很盼望你们有人能发心专学戒律，继我所未竟之志，则至善矣。

我们应知道：现在所流通之《传戒正范》，非是完美之书，何况更随便增减，所以必须今后恢复古法乃可；此皆你们的责任，我甚希望大家共同勉励进行！

今天续讲三皈、五戒，乃至菩萨戒之要略。

三皈、五戒、八戒、沙弥沙弥尼戒、式叉摩那戒、比丘比丘尼戒、菩萨戒等，就普通说，菩萨戒为大乘，余皆小乘，但亦未必尽然，应依受者发心如何而定。我近来研究《南山律》，内中有云："无论受何戒法，皆要先发大乘心。"由此看来，哪有一种戒法专名为小乘的呢！再就受戒方法论，如：三皈、五戒、沙弥沙弥尼戒，皆用三皈依受；至于比丘比丘尼戒、菩萨戒，则须依羯磨文受；又如式叉摩那，则是作羯磨与学戒法，不是另外得戒，与上不同。再依在家出家分之：就普通说，在家如三皈、五戒、八戒等，出家如沙弥比丘等，实而言之，三皈、五戒、八戒，皆通在家出家。诸位听着这话，或当怀疑，今我以例证之，如：明灵峰益大师，他初亦受比丘戒，后但退作三皈人，如是言之，只有三皈亦可算出家人。

又若单五戒亦可算出家人，因剃发以后，必先受五戒，后再受沙弥戒，未受沙弥戒前，止是五戒之出家人。故五戒通于在家出家，有在家优婆塞、出家优婆塞之别；例如：明益大师之大弟子成时、性旦二师，皆自称为出家优婆塞。成时大师为编辑《净土十要》及《灵峰宗论》者，性旦大师为记录弥陀要解者，皆是明末的高僧。

八戒何为亦通在家出家？《药师经》中说："比丘亦可受八戒，比丘再受八戒为欲增上功德故。"这样看起来，八戒亦通于僧俗。

以上略判竟，以下一一分别说之。

三皈：不属于戒，仅名三皈。三皈者：皈依佛，皈依法，皈依僧。未受以前必须要了解三皈道理，并非糊里糊涂地盲从瞎说，如这样子皆不得三皈。

所谓三宝有四种之别，一理体三宝，二化相三宝，三住持三宝，四一体三宝。尽讲起来很深奥复杂，现在且专就住持三宝来说。三宝意义是什么？佛，法，僧。所谓佛即形像，如：

皈依

释迦佛像、药师佛像、弥陀佛像等;法即佛所说之经，如:《法华经》《楞严经》等，皆佛金口所流露出来之法；僧即出家剃发受戒有威仪之人。以上所说佛、法、僧道理，可谓最浅近，诸位谅皆能明了吧。

皈依即回转的意义，因前背舍三宝，而今转向三宝，故谓之皈依。但无论出家在家之人,若受三皈时,最重要点有二:第一要注意皈依三宝是何意义？第二当受三皈时，师父所说应当十分明白，或师父所讲的话，全是文言不能了解，如是决不能得三皈；或隔离太远，听不明白亦不得三皈；或虽能听到大致了解，其中尚有一二怀疑处，亦不得三皈。又正授之时，即是“皈依佛”、“皈依法“、“皈依僧”三说，此最要紧，应十分注意;以后之“皈依佛竟”，“皈依法竟”，“皈依僧竟”，是名三结，无关紧要;所以诸位发心受戒，应先了知三皈意义，又当正授时，要在先“皈依佛”等三语注意，乃可得三皈。

以上三皈说已。下说五戒。

五戒：就五戒言，亦要请师先为说明。五戒者：杀，盗，淫，妄，酒。当师父说明五戒意义时，切要用白话，浅近明了，使人易懂。受戒者听毕，应先自思量如是诸戒能持否，若不能全持，或一，或二，或三，或四，皆可随意；宁可不受，万不可受而不持！且就杀生而论，未受戒者，犯之本应有罪，若已受不杀戒者犯之，则罪更加重一倍，可怕不可怕呢！你们试想一想，如果不能受持，勉强敷衍，实是自寻烦恼！据我思之：五戒中最容易持的，是：不邪淫，不饮酒；诸位可先受这两条最为稳当；至于杀与妄语，有大小之分，大者虽不易犯，小者实为难持；又五戒中最为难持的莫如盗戒，非于盗戒戒相研究十分明了之后，万不可率尔而受。所以我盼望诸位对于盗戒一条缓缓再说，至要！至要！但以现在传戒情形看起来，在这许多人众集合场中，实际上是不能如上一一别受；我想现在受五戒时，不妨合众总受五戒，俟受戒后，再自己斟酌取舍，亦未为不可；于自己所不能奉持的数条，可以在引礼师前或俗人前舍去。这样办法，实在十分妥当，在授者减麻烦，诸位亦可免除烦恼。另外还有一句要紧的话，倘有人怀疑于此大众混杂扰乱之时，心中不能专一注想，或恐犹未得戒者，不妨请性愿老法师或其他善知识，再为重授一次，他们当即慈悲允许。

宝华山见月律师所编《三皈五戒正范》，所有开示多用骈体文，闻者万不能了解，等于虚文而已；最好请师译成白话。此外我更附带言之：近有为人授五戒者于不饮酒后加不吸烟一句，但这不吸烟可不必加入；应另外劝告，不应加入五戒文中。

以上说五戒毕，以下讲八戒。

八戒：具云八关斋戒。“关”者禁闭非逸，关闭所有一切非善事。“斋”是清的意思，绝诸一切杂想事。八关斋戒本有九条，因其中第七条包含两条，故合计为八条。前五与五戒同，

律宗第一名山宝华山

后三条是另加的。后加三者，即：第六，华香瓔珞香油涂身，这是印度美丽装饰之风俗，我国只有花香，并无瓔珞等；但所谓香如吾国香粉、香水、香牙粉、香牙膏及香皂等，皆不可用。

第七，高胜床上坐，作倡伎乐故往观听。这就是两条合为一条的。现略为分析："高"是依佛制度，坐卧之床脚，最高不能超过一尺六寸；"胜"是指金银牙角等之装饰，此皆不可。但在他处不得已的时候，暂坐可开；佛制是专为自制的，须结正罪，如别人已作成功的不是自制的，罪稍轻。作倡伎乐故往观听，音乐影戏等皆属此条；所谓故往观听之"故"字要注意，于无意中偶然听到或看见的不犯。以上"高胜床上坐，作倡伎乐故往观听”，共合为一条。受八关斋戒的人，皆不可为。

第八，非时食。佛制受八关斋戒后，自黎明至正午可食，倘越时而食，即叫做非时食。即平常所说的“过午不食”。但正午后，不单是饭等不可食，如牛奶水果等均不可用。如病重者，于不得已中，可在大家看不到的地方开食粥等。

斋　堂

受八关斋戒，普通于六斋日受；六斋日者，即：初八、十四、十五、廿三，及月底最后二日；倘能发心日日受，那是最好不过了。受时要在每天晨起时，期限以一日一夜——天亮时至夜，夜至明早。一一受八关斋戒后，过午不食一条，应从今天正午后至明日黎明时皆不可食。又八戒与菩萨戒比较别的戒有区别；因为八戒与菩萨戒，是顿立之戒。（但上说的菩萨戒，是局就《梵网》《璎珞》等而说的；若依《瑜伽戒本》，则属于渐次之戒。）这是什么缘故呢？未受五戒、沙弥戒、比丘戒，皆可即受菩萨戒或八戒，故曰顿立；若渐次之戒，必依次第，如先五戒，次沙弥戒，次比丘戒，层层上去的。以上所说八关斋戒，外江居士受的非常之多；我想闽南一带，将来亦应当提倡提倡！若嫌每月六日太多，可减至一日或两日亦无不可；因仅受一日，即有极大功德，何况六日全受呢！

沙弥戒：沙弥戒诸位已知道了吧？此乃正戒，共十条。其中九条同八戒，另加手不捉钱宝一条，合而为十。但手不捉钱宝一条，平常人不明白，听了皆怕；不知此不捉钱宝是易持之戒，律中有方便办法，叫做“说净”，经过说净的仪式后，亦可照常自己捉持：最为繁难者，是正戒十条外于比丘戒亦应学习，犯者结罪。我初出家时不晓得，后来学律才知道。这样看起来，持沙弥戒亦是不容易的一回事。

沙弥尼戒：即女众，法戒与沙弥同。

式叉摩那戒：梵语式叉摩那，此云学法女；外江各丛林，皆谓在家贞女为式叉摩那，这是错误的。闽南这边，那年开元寺传戒时，对于贞女不称式叉摩那，只用贞女之名，这是很通；平常人多不解何者为式叉摩那，我现在略为解释一下：

哪一种人可以受式叉摩那戒呢？要已受沙弥尼戒的人于十八岁时，受式叉摩那法，学习二年，然后再受比丘尼戒；

因为佛制二十岁乃可受戒，于十八岁时，再学二年正当二十岁。于二年学习时，僧作羯磨，与学戒法；二年学毕乃可受比丘尼戒；但式叉摩那要学三法：一学根本法，即四重戒。二学六法，即染心相触，盗减五钱，断畜命，小妄语，非时食，饮酒。三学行法，即大尼诸戒及威仪。

泉州承天寺

此仅是受学戒法，非另外得戒，故与他戒不同。以下讲比丘戒。

比丘戒：因时间很短，现在不能详细说明，唯有几句要紧话先略说之：

我们生此末法时代，沙弥戒与比丘戒皆是不能得的，原因甚多甚多！今且举出一种来说，就是没有能授沙弥戒比丘戒的人；若受沙弥戒，须二比丘授，比丘戒至少要五比丘授；倘若找不到比丘的话，不单比丘戒受不成，沙弥戒亦受不成。我有一句很伤心的话要对诸位讲：从南宋迄今六七百年来，或可谓僧种断绝了！以平常人眼光看起来，以为中国僧众很多，大有达至几百万之概；据实而论，这几百万中，要找出一个真比丘，怕也是不容易的事！如此怎样能受沙弥比丘戒呢？既没有能授戒的人，如何会得戒呢？我想诸位听到这话，心中一定十分扫兴；或以为既不得戒，我们白吃辛苦，不如早些回去好，何必在此辛辛苦苦做这种极无意味的事情呢？但如此怀疑是大不对的：我劝诸位应好好地、镇静地在此受沙弥戒比丘戒才是！虽不得戒，亦能种植善根，兼学种种威仪，岂不是好；又若想将来学律，必先挂名受沙弥比丘戒，否则以白衣学律，必受他人讥评：所以你们在这儿发心受沙弥比丘戒是很好的！

这次本寺诸位长老唤我来讲律学大意，我感着有种种困难之点；这是什么缘故？比方我在这儿，不依据佛所说的道理讲，一味地随顺他人顾惜情面敷衍了事，岂不是我害了你们吗！若依实在的话与你们讲，又恐怕因此引起你们的怀疑；所以我觉着十分困难。因此不得已，对于诸位分作两种说法：（一）老实不客气地，必须要说明受戒真相，恐怕诸位出戒堂后，妄自称为沙弥或比丘，致招重罪，那是不得了的事情！我有种比方，譬如：泉州这地方有司令官等，不识相的老百姓亦自称我是司令官，如司令官等听到，定遭不良结果，说不定有枪毙之危险！未得沙弥比丘戒者，妄自称为沙弥或比丘，必定遭恶报，亦就是这个道理。我为着良心的驱使，所以要对诸位说老实话。（二）以现在人情习惯看起来，我总劝诸位受戒，挂个虚名，受后俾可学律；不然，定招他人诽谤之虞；这样的说，诸位定必明了吧。

更进一层说，诸位中若有人真欲绍隆僧种，必须求得沙弥比丘戒者，亦有一种特别的方法；即是如益大师礼《占察忏仪》，求得清净轮相，即可得沙弥比丘戒；除此以外，无有办法。故益大师云："末世欲得净戒，舍此《占察》轮相之法，更无别途。"因为得清净轮相之后，即可自誓总受菩萨戒而沙弥比丘戒皆包括在内，以后即可称为菩萨比丘。礼《占察忏》得清净轮相，虽是极不容易的事，倘诸位中有真发大心者，亦可奋力进行，这是我最希望你们的。以下说比丘尼戒：

比丘尼戒：现在不能详说。依据佛制，比丘尼戒要重复受两次；先依尼僧授本法，后请大僧正授，但正得戒时，是在大僧正授时；此法南宋以后已不能实行了。最后说菩萨戒：

菩萨戒：为着时间关系，亦不能详说。现在略举三事：（一）要有菩萨种性，又能发菩提心，然后可受菩萨戒。什么是种性呢？就简单来说，就是多生以来所成就的资格。所以当受戒时，戒师问："汝是菩萨否？"应答曰："我是菩萨！"这就是菩萨种性。戒师又问："既是菩萨，已发菩提心否？"应答曰："已发菩提心。"这就是发菩提心。如这样子才能受菩萨戒。（二）平常人受菩萨戒者皆是全受；但依《璎珞本业经》，可以随身分受，或一或多；与前所说的受五戒法相同。（三）犯相重轻，依旧疏新疏有种种差别，应随个人力量而行；现以例说，如：妄语戒，旧疏说大妄语乃犯波罗夷罪，新疏说，小妄语即犯波罗夷罪。至于起杀盗淫妄之心，即犯波罗夷，乃是为地上菩萨所制。我等凡夫是做不到的。

所谓菩萨戒虽不易得，但如有真诚之心，亦非难事；且可自誓受，不比沙弥比丘戒必须要请他人授；因为菩萨戒、五戒、八戒皆可自誓受，所以我们颇有得菩萨戒之希望！

弘一法师雕像

今天《律学要略》讲完，我想在其中有不妥当处或错误处，还请诸位原谅。最后我尚有几句话：诸位在此受戒很好。在近代说，如外江最有名望的地方，虽有传戒，实不及此地完备，这是这里办事很有热心，很有精神，很有秩序，诚使我佩服，使我赞美。就以讲律来说，此地戒期中讲沙弥律、比丘戒本、梵网经，他方是难有的。几年前泉州大开元寺于戒期中提倡讲律，大家皆说是破天荒的举动。本寺此次传戒之美备，实与数年前大开元寺相同；并有露天演讲，使外人亦有种植善根之机缘，诚办事周到之处。本年天灾频仍，泉州亦不在例外，在人心惨痛、境遇萧条的状况中，本寺居然以极大规模，很圆满地开戒，这无非是诸位长老及大护法的道德感化所及；我这次到此地，心实无限欢喜，此是实话，并非捧场；此次能碰着这大机缘与诸位相聚，甚慰衷怀，最后还要与诸位恭喜。

（本文为弘一法师1935年在泉州承天寺律仪法会讲）

放　生

一

今日与诸君相见。先问诸君：欲延寿否？欲愈病否？欲免难否？欲得子否？欲生西否？

倘愿者，今有一最简便易行之法奉告，即是放生也。

古今来，关于放生能延寿等之果报事迹甚多。今每门各举一事，为诸君言之。

（一）延寿

张从善，幼年，尝持活鱼，刺指痛甚。自念："我伤一指，痛楚如是。群鱼剔腮剖腹，断尾剖鳞，其痛如何？特不能言耳。"遂尽放之溪中，自此不复伤一物，享年九十有八。

（二）愈病

杭州叶洪五，九岁时，得恶梦，惊寤，呕血满床，久治不愈。先是彼甚聪颖，家人皆爱之，多与之钱，已积数千缗。至是，其祖母指钱曰："病至不起，欲此何为？"尽其所有，买物放生，及钱尽，病遂全愈矣。

（三）免难

嘉兴孔某，至一亲戚家。留午餐，将杀鸡供馔。孔力止之，继以誓，遂止。是夕宿其家，正捣米，悬石杵于朽梁之上。孔卧其下。更余，已眠。忽有鸡来啄其头，驱去复来，如是者三。孔不胜其扰，遂起觅火逐之。甫离席，而杵坠，正在其首卧处。孔遂悟鸡报恩也。每举以告人，劝勿杀生。

（四）得子

杭州杨墅庙，甚有灵感。绍兴人倪玉树，赴庙求子。愿得子日杀猪羊鸡鹅等谢神。夜梦神告曰："汝欲生子，乃立杀愿何耶？"倪叩首乞示。神曰："尔欲有子，物亦欲有子也。物之多子者莫如鱼虾螺等，尔盍放之！"倪自是见鱼虾螺等，即买而投之江。后果连产五子。

（五）生西

湖南张居士，旧业屠，每早宰猪，听邻寺晓钟声为准。一日忽无声。张问之，僧云："夜梦十一人乞命，谓不鸣钟可免也。"张念所欲宰之猪，适有十一子。遂乃感悟。弃屠业，皈依佛法。勤修十余年，已得神通，知去来事。预告命终之日，端坐而逝。经谓上品往生，须慈心不杀。张居士因戒杀而得往生西方，决无疑矣。

以上所言，且据放生之人今生所得之果报。若据究竟而言，当来决定成佛。因佛心者，大慈悲是，今能放生，即具慈悲之心，

弘一法师书法

能植成佛之因也。

放生之功德如此。则杀生所应得之恶报，可想而知，无须再举。因杀生之人，现生即短命、多病、多难、无子及不得生西也。命终之后，先堕地狱、饿鬼、畜生，经无量劫，备受众苦。地狱、饿鬼之苦，人皆知之。至生于畜生中，即常常有怨仇返报之事。昔日杀牛羊猪鸡鸭鱼虾等之人，即自变为牛羊猪鸡鸭鱼虾等。昔日被杀之牛羊猪鸡鸭鱼虾等，或变为人，而返杀害之。此是因果报应之理，决定无疑，而不能幸免者也。

既经无量劫，生三恶道，受报渐毕。再生人中，依旧短命、多病、多难、无子及不得生西也。以后须再经过多劫，渐种善根，能行放生戒杀诸善事，又能勇猛精勤、忏悔往业，乃能渐离一切苦难也。

抑余又有为诸君言者。上所述杀牛羊猪鸡鸭鱼虾，乃举其大者而言。下至极微细之苍蝇、蚊虫、臭虫、跳蚤、蜈蚣、壁虎、蚁子等，亦决不可害损。倘故意杀一蚊虫，亦决定获得如上所述之种种苦报。断不可以其物微细而轻忽之也。

今日与诸君相见，余已述放生与杀生之果报如此苦乐不同。唯愿诸君自今以后，力行放生之事，痛改杀生之事。余尝闻人云：泉州近来放生之法会甚多，但杀生之家犹复不少。或有一人茹素，而家中男女等仍买鸡鸭鱼虾等之活物任意杀害也。愿诸君于此事多多注意。自己既不杀生，亦应劝一切人皆不杀生。况家中男女等，皆自己所亲爱之人，岂忍见其故造杀业，行将备受大苦，而不加以劝告阻止耶？诸君勉旃，愿悉听受余之忠言也。

（本文为弘一法师1933年6月7日在泉州开元寺所讲）

泉州开元寺

二

白马湖在越东驿亭乡，旧名渔浦。放生之事，前年间也。己巳晚秋，徐居士仲荪过谈，欲买鱼介放生白马湖，余为赞喜，并同刘居士质平助之。放生既讫，质平记其梗概，余书写二纸，一赠仲荪，一与质平，以示来贤也。

时分：十八年九月廿三日五更，自驿亭步行十数里到鱼市，东方未明。

舍资者：徐仲荪。

佐助者：刘质平。

肩荷者：徐金茂。以上三人偕往。

鱼　市：在百官镇。

品　类：虾鱼等。

值　资：八圆七毫八分。

放生所：白马湖。

盛鱼具：向百官镇面肆借用，肆主始不许，因告为放生，故彼乃欣然。

放生同行者：释弘一、夏丏尊、徐仲荪、刘质平、徐金茂及夏家老仆丁锦标，同乘一舟，别一舟载鱼虾等。

放生时：晨九时一刻。

随喜者：放生之时，岸上簇立而观者甚众，皆大欢喜，叹未曾有。

（本文原名《白马湖放生记》）

三

近来仁者诸事顺遂，实为仁者专诚礼拜念佛所致。念佛一声，能消无量罪，能获无量福。唯在于用心之诚恳恭敬与否，不专在于形式上之多少也……以后作画，无须忙迫。至画幅之多少，亦不必预计。如是乃有佳作。

再者，以后惠函，信面之上，乞勿写和尚二字。因俗例，须本寺住持，乃称和尚。朽人今居客位，以称大师或法师为宜。

再者，愚夫愚妇及旧派之士农工商，所欢喜阅览者，为此派之画。但此派之画，须另请人画之。仁者及朽人，皆于此道外行。今所编之《护生画集》，专为新派有高等小学以上毕业程度之人阅览为主。彼愚夫等，虽阅之，亦仅能得极少份之利益，断不能赞美也。故关于愚夫等之顾虑，可以撇开。若必欲令愚夫等大得利益，只可再另编画集一部，专为此种人阅览，乃合宜也。

丰子恺创作《护生画集》

今此画集编辑之宗旨，前已与李居士陈说。

第一，专为新派智识阶级之人（即高小毕业以上之程度）阅览。至他种人，只能随分获其少益。

第二，专为不信佛法，不喜阅佛书之人阅览（现在戒杀放生之书出版者甚多，彼有善根者，久已能阅其书，而奉行唯谨。不必需此画集也）。近来戒杀之书虽多，但适于以上二种人之阅览者，则殊为稀有。故此画集，不得不编印行世。能使阅者爱慕其画法崭新，研玩不释手，自然能于戒杀放生之事，种植善根也，鄙意如此，未审当否……

（此信为弘一法师1929年写给学生丰子恺）

修菩提心

我至贵地，可谓奇巧因缘。本拟住半月返厦；因变住此，得与诸群相晤，甚可喜。

先略说佛法大意。

佛法以大菩提心为主。菩提心者，即是利益众生之心。故信佛法者，须常抱积极之大悲心，发救济一切众生之大愿，努力做利益众生之种种慈善事业，乃不愧为佛教徒之名称！

若专修净土法门者，尤应先发大菩提心，否则，他人谓佛法是消极的、厌世的、送死的。若发此心者，自无此误会。

至于做慈善事业——尤要！既为佛教徒，即应努力做利益社会之种种事业，乃能令他人了解佛教是救世的、积极的，不起误会。

或疑经中常言"空"义，岂不与前说相反？今案，大菩提心实具有"悲"、"智"二义——"悲"者如前所说；"智"者不执着我相，故曰"空"也。即是以无我之伟大精神，而做种种之利生事业。

若解此意，而知常人执着我相而利益众生者，其能力薄，范围小，时不久，不彻底；若欲能力强，范围大，时间久，最彻底者，必须学习佛法，了解“悲”、“智”之意。如是所做利生事业乃能十分圆满也。

故知所谓“空”者，即是于常人所执着之我见，打破消灭，一扫而空，然后以无我之精神，努力切实做种种之事业。亦犹世间行事，先将不良之习惯等一一推翻，良好建设乃得实现也。

今能了解佛法之全系统及其真精神所在，则常人谓佛教是迷信、是消极者，固可因此而知其不当。即谓佛教为世界一切宗教中最高尚之宗教，或谓佛法为世界一切哲学中最玄妙之哲学者，亦未为尽理。

因佛法是真能说明人生宇宙之所以然。

破除世间一切谬见，而与以正见。

破除世间一切迷信，而与以正信。

破除世间一切恶行，而与以正行。

破除世间一切幻觉，而与以正觉。

包括世间各教各学之长处，而补其不足。

广被一切众生之机，而无所遗漏。

不仅中国，现今如欧美诸国人，正在热烈地研究及提倡，出版之佛教书籍及杂志等甚多。故望已为佛教徒者，须彻底研究佛法之真理，而努力实行，俾不愧为佛教徒之名。其未信佛法者，亦宜虚心下气，尽力研究，然后于佛法再加以评论。此为余所希望者。

佛经插图

以上略说佛法大意毕。

又当地信士因今日为菩萨诞，欲请解释“南无观世音菩萨”之义。兹以时间无多，唯略说之。

南无者，梵语，即皈依义。

菩萨者，梵语，为菩提萨埵之省文。菩提者，觉；萨埵者，众生。因菩萨以智上求佛法，以悲下化众生，故称为菩提萨埵。

观世音者，为此菩萨之名，亦可以“悲”、“智”二义分释。如《楞严经》云：“由我观听十方圆明，故观音名遍十方界。”约智言也。如《法华经》云：“苦恼众生一心称名，菩萨即时观其音声，皆得超脱，以是名观世音。”约悲言也。

（本文为弘一法师1938年7月16日在漳州七宝寺所做讲演）

《八大人觉经》原文

后汉沙门安世高译

为佛弟子，常于昼夜，至心诵念八大人觉。

第一觉悟，世间无常，国土危脆。四大苦空，五阴无我。生灭变异，虚伪无主。心是恶源，形为罪薮。如是观察，渐离生死。

第二觉知，多欲为苦。生死疲劳，从贪欲起。少欲无为，身心自在。

第三觉知，心无厌足，唯得多求，增长罪恶。菩萨不尔，常念知足，安贫守道，唯慧是业。

第四觉知，懈怠坠落。常行精进，破烦恼恶。摧伏四魔，出阴界狱。

第五觉悟，愚痴生死。菩萨常念，广学多闻，增长智慧，成就辩才，教化一切，悉以大乐。

第六觉知，贫苦多怨，横结恶缘。菩萨布施，等念怨亲，不念旧恶，不憎恶人。

第七觉悟，五欲过患。虽为俗人，不染世乐。常念三衣、瓦钵法器，志愿出家，守道清白，梵行高远，慈悲一切。

第八觉知，生死炽然，苦恼无量。发大乘心，普济一切。愿代众生，受无量苦，令诸众生，毕竟大乐。

如此八事，乃是诸佛菩萨大人之所觉悟。精进行道，慈悲修慧，乘法身船，至涅槃岸。复还生死，度脱众生，以前八事，开导一切。令诸众生，觉生死苦，舍离五欲，修心圣道。若佛弟子，诵此八事，于念念中，灭无量罪。进趣菩提，速登正觉。永断生死，常住快乐。

释 要

佛（释迦）说八（八种）大人（诸佛菩萨）觉（觉悟、觉知）经（梵语“修多罗”之译意）

诸佛、诸大菩萨，昔已觉悟此八种事，而依此修行，乃渐证入佛菩萨位也。

此经全文分为三章：前一行总标，后六行结叹，中间之

李叔同书法

文即别列。于别列中，再分为八节。

今先讲第一章总标

为佛弟子（出家或在家已皈依佛者），常于昼夜，至心诵念，八大人觉。

以下第二章别列八节。第一节为主要，最宜注意，故须详释之。

第一节　无常无我觉

今先释“无常无我”四字。以此四字分括经文如下：

- 无常（即经云：“世间无常，国土危脆。”）

  “无常”者，时时变化。此义易知，无须详释。

- 无我（即经云：“四大苦空，五阴无我。生灭变异，虚伪无主。”）此义难解，详释如下。

总论世间一切万法，不出“色”、“心”。

- 色　有形质有阻碍，无知觉之用者，谓之“色”。经云“四大”，又“五阴”中之“色阴”，皆属于此。
- 心　反之而无形质阻碍，有知觉之用者，谓之“心”。经云“五阴”中之“受”、“想”、“行”、“识”四阴，皆属于此。

前引经文“四大”、“五阴”之名，今预释其义如下：

- 四大
  - 实四大（亦名四大界）
    - 地大性坚，能支持万物
    - 水大性湿，能收摄万物
    - 火大性暖，能调熟万物
    - 风大性动，能生长万物
    - 以能造作一切色法故，谓之能造四大。
  - 假四大
    - 即世间所称之地、水、火、风，谓之所造四大。（即实四大等之假和合，据其性之最增盛者而名之也。）

四大又可分为二	内四大	即正报之人身。（“正报”者，五阴身心也。）
	外四大	即依报之诸色。（“依报”者，世间国土、家屋、衣食等。）

五阴　“阴”者，盖覆也，音、义与“荫”同。由此五法盖覆真性，不能显现，故名曰“阴”。新译为“五蕴”。“蕴”者，积聚也。诸法和合，略为一聚，故称为“蕴”。

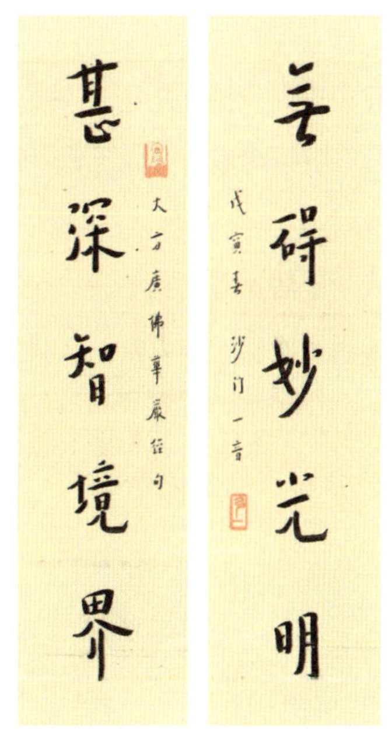

李叔同书法

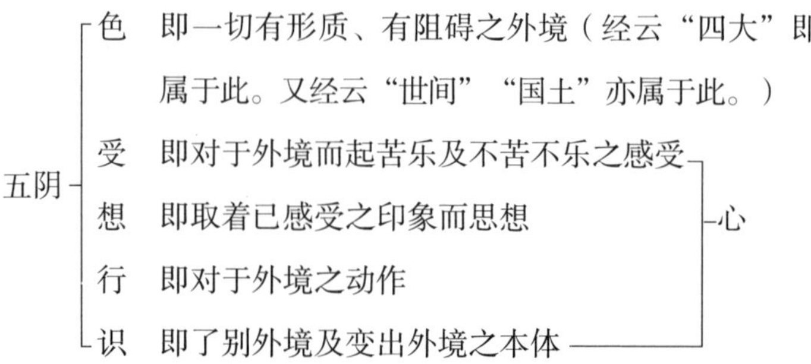

经文“无我”之义，今预释如下。

“我”者，有常一之体，及主宰之用，乃可谓之为“我”。

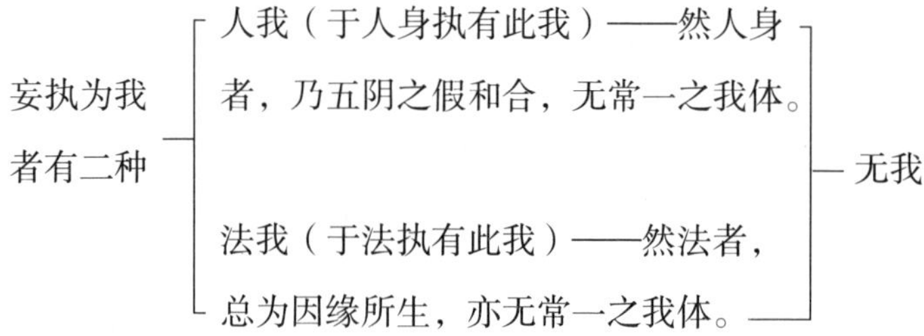

以上释此节科文“无常无我”义竟。

以下正释经文。

第一觉悟（以下八节，或作“觉悟”，或作“觉知”，乃译文互用也。）

世间无常等二句

四大苦空等六句（“四大”可以并入“五阴”，因“四大”

即属于“五阴”中之“色阴”故。于经文可作“五阴苦空、无我”等，而连续观之。）

苦　佛谓世间有八苦：生、老、病、死、爱别离、怨憎会、求不得、五阴炽盛。此第八五阴炽盛苦，为一切诸苦之本。即吾人现前之起心动念，及动作云为，皆是未来得苦之因也。因果牵连，相续不断，永无解脱，故云“苦”也。

空　诸法皆假合而成，各无实体，故云“空”也。

无我　见前解。

生灭　五阴色心，从无始来，以因缘合散力故，念念生灭，相续无穷，有如流水，亦如灯焰。

变异　刹那刹那，变迁转异。

虚伪　虚者不实，伪者非真。

无主　既非常一之体，岂有主宰之用？

心是恶源，形为罪薮　上句约心而言，下句兼身、心而言。经文唯云“形”者，略也。

心是恶源　既执五阴假合之身心，妄谓是我。宝此我故，即因此而心起贪、嗔、痴三毒之烦恼。

贪　贪一切名利之事，欲以荣之。

嗔　嗔一切违情之境，恐损害之。

痴　愚痴之情，非理计较。

形为罪薮　既由心起三毒烦恼。即依身、口、意造种种有漏之染业，而受种种苦乐之果报。

恶　业　因三毒猛盛而造——报在四恶道
善　业　因贪富贵等之乐而造——报在人道及六欲天等
不动业　因贪禅定之乐而造——报在色、无色天等

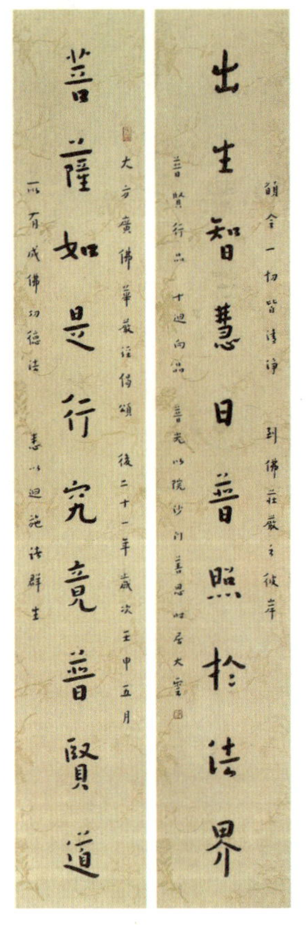

李叔同书法

以上所述，由烦恼而造业，由业而感报。于其感报所受之五阴身心，还执为我，仍起贪、嗔、痴三毒而造业而受报。如是世世生生，轮转不绝，所谓人生之黑幕，不过如此而已。

以下续讲后二句。此二句，教人修观获益也。

如是观察，渐离生死　既已觉悟上文所示之理，即依是而修“无我”等观，则身心之妄执渐轻，自可渐离生死矣。

生死者，随业轮转于六道也。或问：若离生死，岂非弃舍众生，自求安乐乎？答：非也。观经末之文可知。

以上第一节讲毕。

听众或应于前所云“空”、“无我”等而怀疑问。谓既一切皆空，则不须认真做事。何以今见学佛法者，于保护国土、利益众生等事，犹十分努力，认真苦干耶？今于此略解释之。佛法所以云“空”、“无我”者，意在破除常人所执之小我，将其多生以来自私自利之卑劣丑陋之恶习惯彻底消灭。然后以真实光明之态度，于世间一切之事，皆认真实行。勇猛精进，决无倦怠，虽丧身命，亦不顾惜。

故佛经之体裁，大半皆先说空理，然后再广列应行之事。此经亦然。第二节至第八节，皆示所应行之事，绝非以空为究竟也。古人云：“上智知空而进德，下愚知空而废业。”即此义也。若执空以为究竟，则佛法所绝不许，斥为“著空魔”，斥为“堕顽空”。由此空见而拨无因果，即造极恶之重业矣。是事关系甚大，故略为解释，以息群疑。

李叔同书法

第二节　常修少欲觉（以下七节，每节中皆可分为“示过”、“止行”两段。）

生死疲劳　轮回六道不绝也。

无为　即是无我之理。能修少欲，则可以悟无为而身心得自在矣。

第三节　知足守道觉

唯慧是业　“慧”者，如第一节所示。非世俗之智慧也。

第四节　当行精进觉

烦恼　四魔　阴界　“烦恼”者，见思二惑。“四魔”者，一烦恼魔、二五阴魔、三死魔、四天魔。“阴”者五阴。“界”者十八界。其义甚繁，不能详释。约大意而言，此指精进用功时，渐次所脱离之种种障碍也。

第五节　多闻智慧觉

愚痴生死　因愚痴而流转轮回。

广学多闻　正约佛法而言。若已通佛法者，亦可兼学世俗学问，以为弘扬佛法之工具。

智慧　如第一节所示。

辩才　善巧说法之才能也。已得智慧者乃有之。与世俗之口才大异。

大乐　指成佛而言，即是佛果所具之德也。非世俗之乐。

第六节　布施平等觉

旧恶　约已改过者言。佛谓能改过者是谓智人。

恶人　约未改过者言。其人即无一毫之善可取，亦应观其佛性而赞叹之。不应起嗔心。

第七节　出家梵行觉

五欲　财、色、饮食、名、睡眠。

三衣　五衣、七衣、大衣。

守道等三句　上二句自行，下一句化他。

守道清白　趣向菩提，不杂名利心。

梵行高远　唯求佛果，不起二乘心。

第八节　大心普济觉

大乐　如前释。

第三章　结叹又分为四节。

第一节　结成名义

如此八事，（乃至）之所觉悟。

第二节　结成自觉功德

精进行道，（乃至）至涅槃岸。

法身船　指所悟性德。

涅槃岸　指修德所显。“涅槃”者，此云“真解脱”，解脱世间一切缠缚而已。若云消极，若云死灭，则大误矣。

第三节　结成觉他功德

复还生死，（乃至）修心圣道。

复还生死，度脱众生　前经云“渐离生死”，又云“出阴界狱”等。或疑是为弃舍众生，自求安乐。今阅此文，应知不尔。依佛法之常途次第，先能自觉，乃可觉他。上节之文，已明究竟解脱生死，自觉圆满。故此节文，即明复还生死，而觉他也。若不能彻底真实自觉，而能彻底真实觉他者，无有是处。

第四节　结成诵念功德（即前文云“至心诵念，八大人觉”也。）

若佛弟子，（乃至）常住快乐。

快乐　与前“大乐”同。

以上略释全经竟。

跋

衰老日甚，体倦神昏。勉强录此，芜杂无次，讹误不免。此稿未可刊布流传，唯由友人收存以留纪念可耳。壬午八月十三日书竟并记，弘一。

（本文为弘一法师1942年9月22日撰录，24日讲于泉州温陵养老院）

境由心生

自今日始，讲三日，先说此次讲经之方法。《心经》虽仅二百余字，摄全部佛法。讲非数日，一二月，至少须一年。今讲三日，岂能尽。仅说简略大意，及用通俗的浅显讲法。（无深文奥义，不释名相，一解大科。）

效果：

（一）令粗解法者及未学法者，皆稍得利益。

（二）又对常人（已信佛法）仅谓《心经》为空者，加以纠正。

（三）又对常人（未信佛法）谓佛法为消极者，加以辨正。

《般若波罗蜜多心经》原文

观自在菩萨，行深般若波罗蜜多时，照见五蕴皆空，度一切苦厄。舍利子，色不异空，空不异色，色即是空，空即是色，受想行识，亦复如是。舍利子，是诸法空相，不生不灭，不垢不净，不增不减。是故空中无色，无受想行识，无眼耳鼻舌身意，无色声香味触法，无眼界，乃至无意识界。无无明，亦无无明尽，乃至无老死，亦无老死尽。无苦集灭道，无智亦无得。以无所得故，菩提萨埵，依般若波罗蜜多故，心无挂碍，无挂碍故，无有恐怖，远离颠倒梦想，究竟涅槃。三世诸佛，依般若波罗蜜多故，得阿耨多罗三藐三菩提。故知般若波罗蜜多，是大神咒，是大明咒，是无上咒，是无等等咒，能除一切苦，真实不虚。故说般若波罗蜜多咒，即说咒曰：揭谛揭谛，波罗揭谛，波罗僧揭谛，菩提萨婆诃。

（先经题，后经文。）

般若波罗蜜多心经：前七字为别题，后一字为总题。

般若：梵语也，译为智慧：

常人之小智小慧
学者之俗智俗慧 —— 非
二乘之空智空慧
照见五蕴皆空，能除一切苦，真实不虚之大智大慧。

小智慧　小聪明 —— 亦云有智慧，与佛法相远。
　　　　小巧
俗智慧　研学问，上等人甚好，亦云有智慧，但与佛法无涉。
空智慧　小乘人。

羅蜜多是大神咒是大明
咒是無上咒是無等等咒
能除一切苦真實不虛故
說般若波羅蜜多咒即說
咒曰揭諦揭諦波羅揭諦
波羅僧揭諦菩提薩婆訶

歲次癸酉質平居士之慈母謝世為寫心經一卷
冀業障消滅往生安養者 尊勝院沙門善夢題

弘一法师手书《心经》

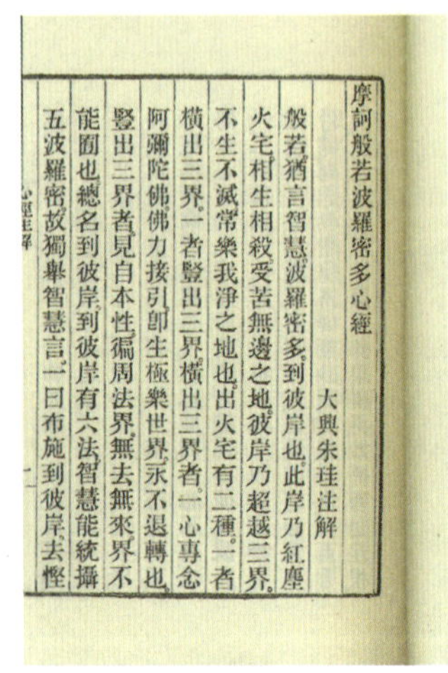

摩訶般若波羅密多心經

大興朱珪注解

般若。猶言智慧。波羅密多。到彼岸也。此岸乃紅塵火宅。相生相殺。受苦無邊之地。彼岸乃超越三界。不生不滅。常樂我淨之地也。出火宅有二種。一者橫出三界。一者豎出三界。橫出三界者。一心專念阿彌陀佛。佛力接引。即生極樂世界。永不退轉也。豎出三界者。見自本性。徧周法界。無去無來。界不能囿也。總名到彼岸。到彼岸有六法。智慧能統攝五波羅密。故獨舉智慧言。一曰布施到彼岸。去慳

心經注释　二

《心经》内文

波罗蜜多：译为到彼岸（就一事之圆满成功言）。

若以渡河为喻：

动身处——此岸。

欲到处——彼岸。

以舟渡河竟——到彼岸。

约法言之：

此岸——轮回生死。须依般若舟，乃能渡到彼岸。

彼岸——圆满佛果，而离苦得乐。

心：有数释。一释心乃比喻之辞，即是般若波罗蜜多之心。（心为一身之必要，此经为般若之精要。）

引证：
- 《大般若经》云：余经犹如枝叶，般若犹如树根。
- 又云：不学般若波罗蜜多，证得无上正等菩提，无有是处。
- 又云：般若波罗蜜多能生诸佛，是诸佛母。

案，般若部于佛法中甚为重要。佛说法四十九年，说般若者二十二年。而所说《大般若经》六百卷，亦为藏经中最大之部。《心经》虽二百余字，能包六百卷《大般若》义，毫无遗漏，故曰心也。

经：梵语修多罗，此翻契经。契为契理契机。经谓贯穿摄化。

经者，织物之直线也。与横线之纬对。

此外尚有种种解释。

此经有数译（七译），今常诵者，为唐三藏法师玄奘所译。

已略释经题竟。于讲正文之前，先应注意者。

研习《心经》者最应注意不可着空见。因常人闻说空义，误以为着空之见。此乃大误，且极危险。经云："宁起有见如须弥山，不起空见如芥子许。"因起有见者，着有而修善业，犹报在人天。若着空见者，拨无因果，则直趣泥犁。故断不可着空见也。

若再进而言之，空见既不可着，有见亦非尽善。应一不着有，二亦不着空，乃为宜也。

李叔同绘画作品

（一）若着有者，执人我皆实有。既分人我，则有彼此。不能大公无私，不能有无我之伟大精神，故不可着有。须忘人我，乃能成就利生之大事业。

（二）若着空，如前所说，拨无因果且不谈。即二乘人仅得空慧而着偏空者，亦不能作利生事业也。

故佛经云—┌真空（非偏空、偏空不真。）
　　　　　└妙有（非实有、实有不妙。）

真空者，即有之空，虽不妨假说有人我，但不执着其相。

妙有者，即空之有，虽不执着其相，亦不妨假说有人我。

如是终日度生，实无所度。虽无所度，而又决非弃舍不为。若解此意，则常人所谓利益众生者，能力薄弱、范围小、时不久、不彻底。若欲能力不薄弱，范围大者，须学佛法。了解真空妙有之理，精进修行，如此乃能完成利生之大事业也。

或疑《心经》少说有，多说空者，因常人多着于有，对症下药，故多说空。虽说空，乃即有之空，是真空也。若见此真空，即真空不空。因有此空，将来作利生事业乃成十分圆满。

合前（三）非消极者，是积极，当可了然。世人之积极，不过积极于暂时，佛法乃永久。

般若法门具有空与不空二义，以无所得，故已前之经文，皆从般若之空一方面说。依此空义，于常人所执着之妄见，打破消灭一扫而空，使破坏至于彻底。菩提萨埵以下，是从般若不空方面说，复依此不空义，而炽然上求佛法，下化众生，以完成其圆满之建设。

亦犹世间行事，先将不良之习惯等一一推翻，然后良好建设乃得实现也。世有谓佛法唯是消极者，皆由不知佛法之全系统及其精神所在，故有此误解也。

今讲正文，讲时分科。今唯略举大科，不细分。

《心经》大科
- 初、显了般若
  - 初、经家叙引
  - 二、正说般若
- 二、秘密般若

再就说法之由序言，按宋施护译本先云，世尊在灵鹫山中入三摩提。（三昧、译言正定等）舍利子白观自在菩萨言：若有欲修学甚深般若法门者，当云何修学？而观自在菩萨遂说此经云云。

观自在菩萨

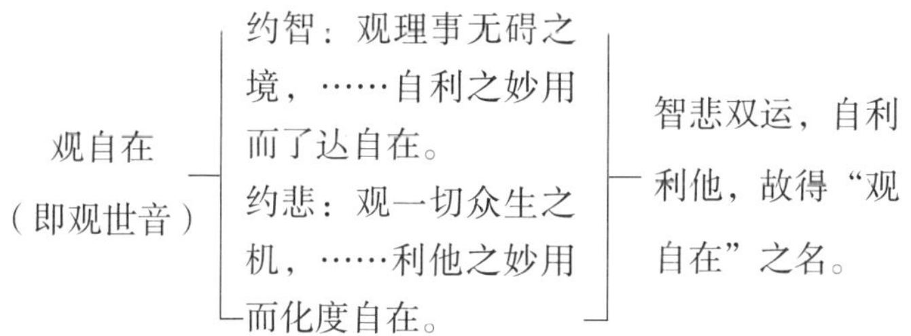

菩萨："菩提萨埵"之省文，是梵语。

菩提——觉……………以智上求佛法。
萨埵——有情（即众生）…………以悲下化众生。

此外有多释。

行深般若波罗蜜多时

深——浅……人空般若——二乘人入。（人空者、人体为五蕴之假和合、其中无有真实之我体。）
深……法空般若——菩萨入。（法空者、五蕴亦空、如后所明。）

照见五蕴皆空

五蕴，即旧译之五阴也。世间万法无尽。欲研高深哲理及正当人生观。应先于万法有整个之认识，有统一之概念。佛法既含有高深之哲理及正当人生观，应知亦尔。

此五蕴，即佛教用以总括世间万法者。故仅研五蕴，与研究一切万法无异。蕴者，蕴藏积聚也。五蕴亦称为五法聚，亦即五类之义。乃将一切精神物质之法归纳于此五类中也。

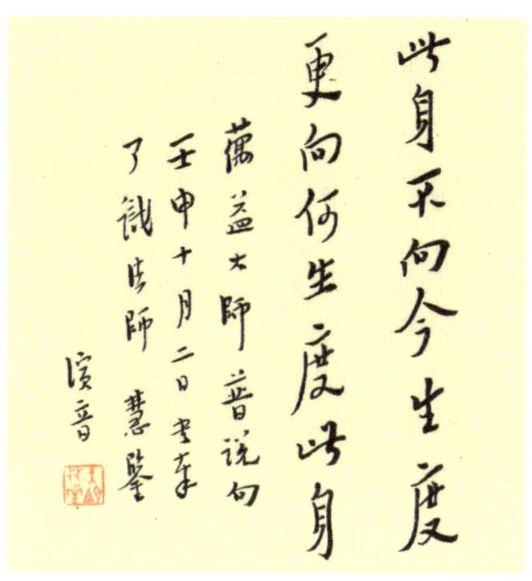

李叔同书法

五蕴：

- 色蕴：障碍义　即一切相障有碍之处境。与“物质”之义相似而较广。——境处
- 受蕴：领纳义　即对于外境或苦，或乐及不苦不乐等之感受。此与今时人所习用之“感情”一词（即是随官感印象而生之官感感情）甚合，若作了别解之“感觉”释之则非，因了别乃属识蕴也。
- 想蕴：取像义　即取着感受之印象而思想。
- 行蕴：造作义　即对外境之动作。
- 识蕴：了别义　即了别外境，变出外境之本体。

（受蕴、想蕴、行蕴、识蕴——内心）

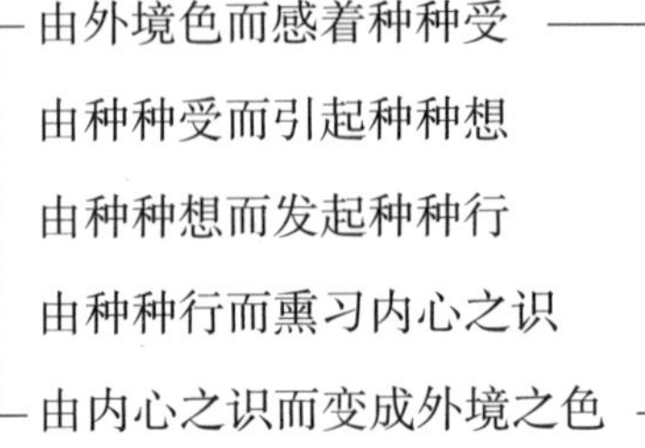

空，此空之真理及境界，须行深般若时，乃能亲见实证。

今且就可能之范围略说。

五蕴中最难了解其为空者，即色蕴。因有物质，有阻碍，似非空也。凡夫迷之，认为实有，起诸分别。其实乃空。且举二义。

（一）无常　若色真实不虚者，应常恒不变，但外境之色蕴，乃息息变动。山河大地因有沧海桑田之感，即我自身，今年去年，今月上月，今日昨日，所谓我者亦不相同。即我鼻中出入息，此一息我，非前一息我。后一息我，非此一息我。因于此一息中，我身已起无数变化。最显者，我全身之血，因此一呼吸遂变其性质成分，位置及工作也。

若进言之，匪唯一息有此变化，即刹那中亦悉尔也。

既常常变化，故知是空。

（二）所见不同　若色真实不空者，应何时何人所见悉同？

但我等外境之色蕴，乃依时依人而异。

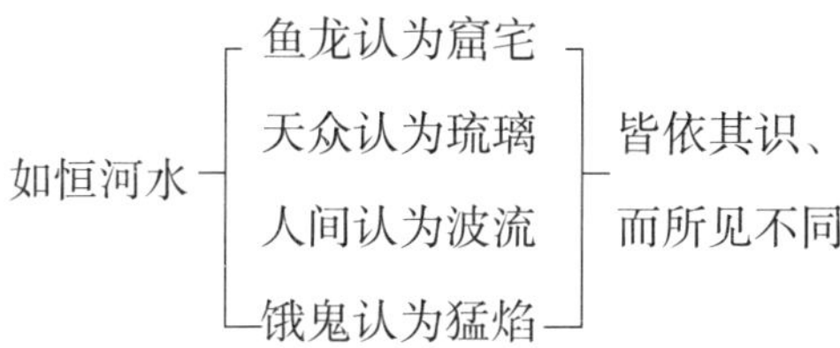

故外境之色，唯是我识妄认，非有真实。

有如喜时，觉天地皆春；忧时，觉景物愁惨。于同一境中，一喜一忧，所见各异。

既所见不同，故知是空。

上略举二义，未能详尽。

既知色空，其他无物质无阻碍之受想行识，谓为是空，可无疑矣。

照见者非肉眼所见，明见也。

度一切苦厄

苦——生死苦果。

厄——烦恼苦因，能厄缚众生。

此二皆由五蕴不空而起。由妄认五蕴不空，即生贪嗔痴等烦恼。由有烦恼，即种苦因；由种苦因，即有苦果。

度——若照见五蕴皆空，自能解脱一切苦厄。解脱者，超出也。

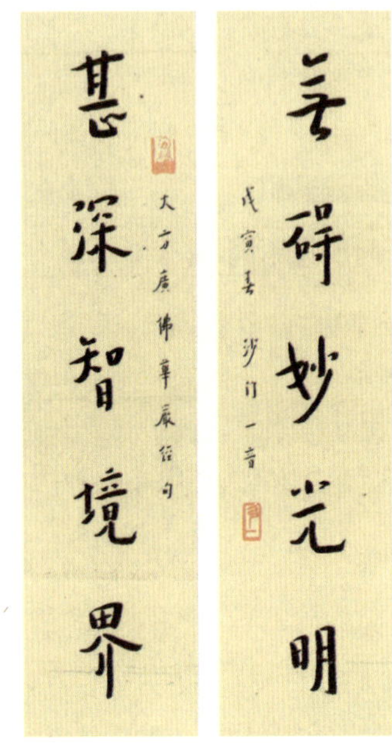

李叔同书法

以上为结经家叙引，以下乃正说般若。皆观自在菩萨所说，故先呼舍利子名。

舍利子

是佛之大弟子，舍利，此云百舌鸟，其母辩才聪俐，以此鸟为名。舍利子又依母为名，故名舍利子。以上皆依法华玄赞释。

色不异空，空不异色，
色即是空，空即是色。

即前云五蕴皆空之真理，以五蕴与空对观，显明空义。

能知色不异空，无声色货利可贪，无五欲尘劳可恋。即出凡夫境界。能知空不异色，不入二乘涅槃，而化度众生。即出二乘境界。如是乃菩萨之行也。

故应于“不异”与“即是”二义详研，不得仅观空之一边，乃善学般若者也。

不异——粗浅色与空互较不异。仍是二事。

即是——深密色与空相即。空依色、色依空、非空外色、非色外空。乃是一事。

受想行识，亦复如是

受想行识不异空，空不异受想行识。
受想行识即是空，空即是受想行识。

依上所云不异，即是二者观之。五蕴乃根本空，彻底空。

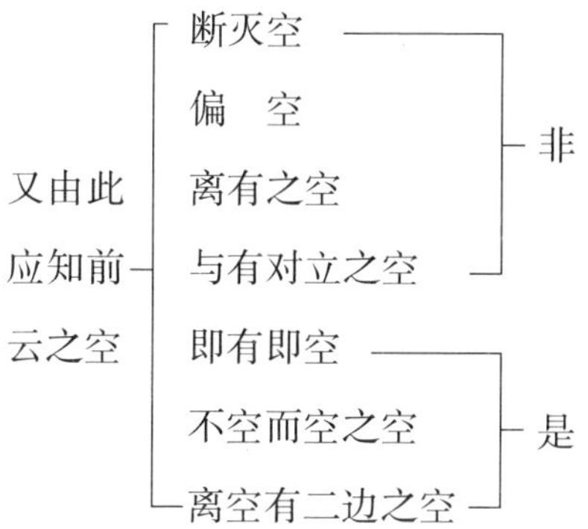

舍利子，是诸法空相。

诸法，前言五蕴，此言诸法，无有异也。

空相，此相字宜注意，上段说诸法空性，此处说诸法空相。所谓空者，非是空，是诸法之上有所显之空，是离空有二边之空。最宜注意。

不生不灭，不垢不净，不增不减。

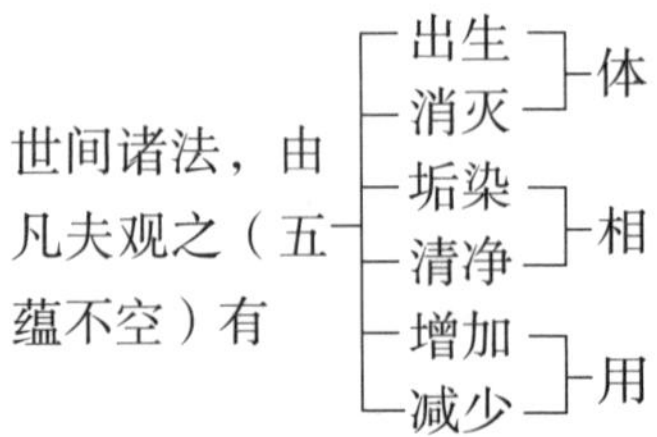

菩萨依般若之妙用，既照见五蕴皆空，则无生灭诸相。故云“不生”等也。

五蕴不空→执着我见→起分别心→生灭等相。

五蕴空→不执着我见→不起分别心→诸法空相、不生不灭等。

由此可知生死即涅槃，烦恼即菩提，众生即佛，而不厌离生死，怖畏烦恼，舍弃众生。乃能证不生等境界。如此乃是菩萨，乃是般若，乃是自在。

是故空中无色，无受想行识。无眼耳鼻舌身意，无色声香味触法。无眼界，乃至无意识界。

以下广说

五蕴皆空之义：
- 空凡夫法：是故空中无色，乃至无意识界。
- 空二乘法：无无明，乃至无苦集灭道。
- 空大乘法：无智亦无得，以无所得故。

分为三段：

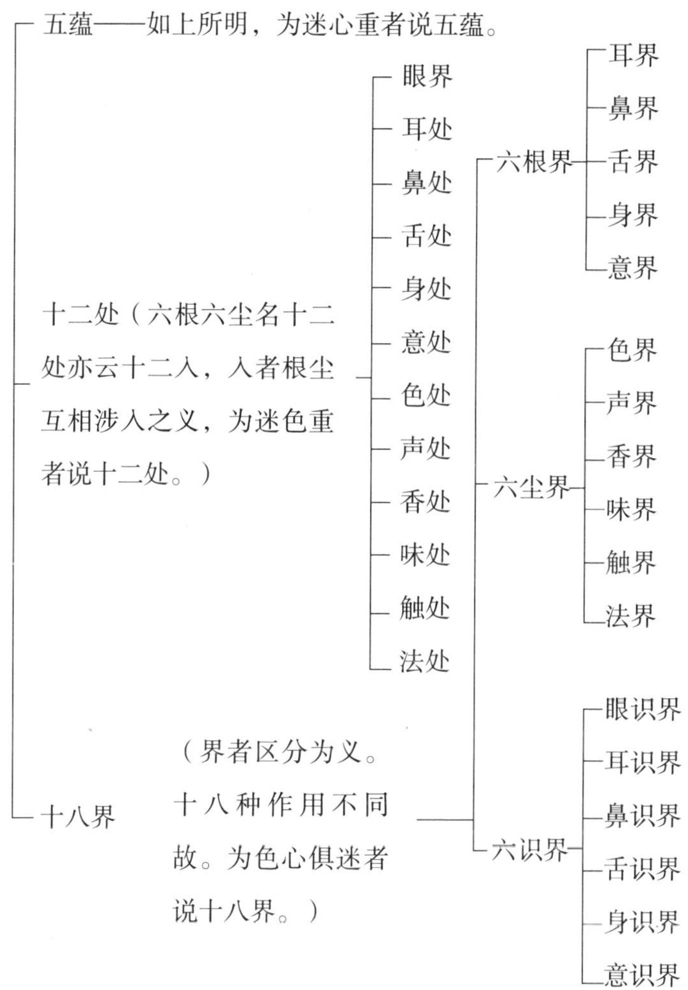

虽分三科，皆总括一切法而说。因学者根器不同，而开

合有异耳。

蕴、处、界三科经文
- 是故空中无色，无受想行识。
- 无眼耳鼻舌身意，无色声香味触法。
- 无眼界，乃至无意识界。

无无明，亦无无明尽，乃至无老死，亦无老死尽。无苦集灭道。

此乃空二乘法，上四句约缘觉言，下一句约声闻言。

缘觉者，常观十二因缘而悟道。

声闻者（闻佛声教），观四谛而悟道。

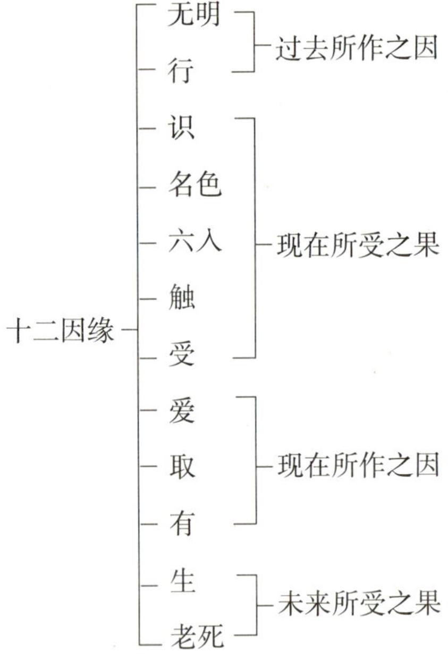

此十二因缘，乃说人生之生死苦果之起源及次序。藉流转、还灭二门以显示世间及出世间法。流转者，“无明”乃至“老死”之世间法。还灭者，“无明尽”乃至“老死尽”之出世间法。

若行般若者，世间法空。故经云：“无无明”，“乃至无老死”。出世间法亦空。故经云：“无无明尽”，“乃至无老死尽”。

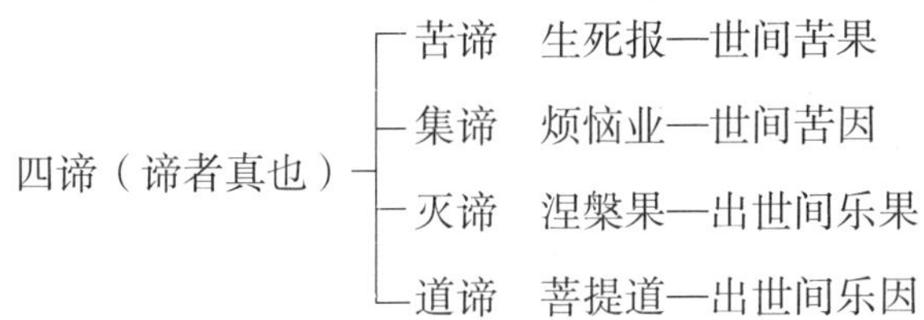

亦分二门，前二流转，后二还灭。若行般若者，世间及出世间法皆空。故经云：“无苦集灭道。”

无智亦无得，以无所得故。

此乃空大乘法。

大乘菩萨求种种智，以期证得佛果。故超出声闻、缘觉之境界。

但所谓“智”，所谓“得”，皆不应执着。所谓“智”者，用以破迷。迷时说有智，悟时即不待言，故云“无智”。所谓“得”者，乃对未得而言。既得之后，便知此事本来具足，在凡不减，在圣不增，亦无所谓得，故云“无得”。

“以无所得故”一句，证其空之所以。

李叔同绘画作品

以上经文中，“无”字甚多，亦应与前“空”字解释相同。乃即有之无，非寻常有无之无也。若常人观之，以为无所得，则实有一无所得在，即有一无所得可得，非真无所得也。若真无所得，或亦即是有所得。观下文所云佛与菩萨所得可知。

菩提萨埵，乃至三藐三菩提。

“菩提萨埵”等，说菩萨乘依般若而得之益。

“三世诸佛”等，说佛乘依般若而得之益。

菩提萨埵，依般若波罗蜜多故，心无挂碍。无挂碍故，无有恐怖，远离颠倒梦想，究竟涅槃。

“菩提萨埵”，即“菩萨”之具文。

“挂碍”的“挂”即牵挂；“碍”即妨碍。意谓由于物欲牵挂妨碍，所以不得自在。“恐怖”，即惊恐怖畏的意思，心中惊慌，当然不得安乐。

“无挂碍故，无有恐怖”有了情感便会执着和牵挂，害怕失去当下所拥有的一切，从而千方百计地要保护自己所用的，为此，耗尽心机，终日生活在担心和恐怖中。而有觉悟的人看破世间的荣辱得失、是非曲折，放弃执着，无所牵挂，自然也就没有了恐惧和担忧，即使面对死亡，亦能如视“未来”一般自在。

“颠倒”，不平顺，不安定；“梦想”，不符合真实的妄想，错乱之想；“究竟”，达到至极地位。

“远离颠倒梦想，究竟涅槃”：颠倒梦想，是错误的想法，是不现实的想法，佛家称为“妄想”。世人都生于妄想中。欲望为妄想的动力，执着为妄想的助缘。欲望推到了妄想的产生，又因执着而不断增强，执着有多深，妄想就有多大。执着于权力的人，有对于权力的妄想；执着于科学的人，有对于科学的妄想；执着于宗教信仰的人，有对于宗教信仰的妄想；执着于政治的人，有对于政治的妄想。总之，世人的世界也是“妄想的世界”。“妄想的世界”是为自己意识构造的世界，因之，世人无法正确地认识宇宙人生的真实。以妄想之心去认识世界，所看到的自然是妄境，一如“隔纱观月”，自然无法透彻真实。正因“妄想”让人疲于奔命、劳苦忧患，滋生种种的烦恼，我们才要“远离颠倒梦想”。

究竟涅槃：梵语涅槃，梵文名 Nirvana，意译作灭，寂灭，灭度，也译为“圆寂”。灭是灭除对拥有的执着，灭除烦恼，灭除牵挂，灭除恐怖，灭除颠倒梦想，超越生死，证得涅槃。涅槃是宇宙人生真实相。

三世诸佛，依般若波罗蜜多故，得阿耨多罗三藐三菩提。

“阿耨多罗”者，无上也。

“三藐三菩提”者，正等正觉也。

故知般若波罗蜜多，是大神咒，是大明咒，是无上咒，是无等等咒，能除一切苦，真实不虚。

“咒”者，秘密不可思议，功能殊胜。此经是经，而今又称为咒者，极言其神效之速也。

“是大神咒”者，称其能破烦恼，神妙难测。

“是大明咒”者，称其能破无明，照灭痴暗。

“是无上咒”者，称其令因行满，至理无加。

“是无等等咒”者，称其令果德圆，妙觉无等。

“真实不虚”者，约般若体。

“能除一切苦”者，约般若用。

故说般若波罗蜜多咒。即说咒曰：揭谛揭谛，波罗揭谛，波罗僧揭谛，菩提萨婆诃。

以上说显了般若竟，此说秘密般若。

般若之妙义妙用，前已说竟。尚有难于言说思想者，故续说之。

咒文依例不释。但当诵持，自获利益。

艺苑漫步

美，好也，善也。宇宙万物，除丑恶污秽者外，无论天工、人工，皆可谓之美术。

科学与艺术之关系

英儒斯宾塞曰:“文学美术者,文明之花。”又曰:“理学者,手艺之侍女,美术之基础。”可见艺术发达之国,无不根据于科学之发达。科学不发达,艺术未有能发达者也。学科中如理科图画,最宜注重。发展新知识、新技能、新事业,罔不根据于是。是知艺术一部,乃表现人类性灵意识之活泼,照对科学而进行者也。

中西画法之比较

西人之画,以照相片为蓝本,专求形似。中国画以作字为先河,但取神似,而兼言笔法。尝见宋画真迹,无不精妙绝伦。置之西人美术馆,亦应居上乘之列。

中画入手既难,而成就更非易易。自元迄今,称大家者,元则黄、王、倪、吴，明则文、沈、唐、仇、董，国朝则四王及恽、吴，共十五人耳。使中国大家而改习西画，吾决其不三五年，必可比踪彼国之名手。西国名手倘改习中画，吾决其必不能遽臻绝诣。盖凡学中画而能佳者，皆善书之人。试观石田作画，笔笔皆山谷；瓯香作画，笔笔皆登善。以是类推，他可知矣。若不能书而求画似，夫岂易得哉！是以日本习汉画者极多，不但无一大家，即求一大名家而亦不可得，职此之故，中国画亦分远近。唯当其作画之点，必删除目前一段境界，专写远景耳；西画则不同，但将目之所见者，无论远近，一齐画出，聊代一幅风景照片而已。故无作长卷者。余尝戏谓，看手卷画，犹之走马看山。此种画法，为吾国所独具之长，不得以不合画理斥之。

李叔同绘画作品

释美术

兹有告者，游艺会节目，分手工部为美术手工、教育手工、应用手工，云云。似未适当。某君评语，“手工宜注意恩物一门，勿重美术”，是亦分手工恩物与美术为二，似为不妥。西学入中国，新名词日益繁，或袭日本所译，或由学者所订，其能十分适当者，盖鲜。学子不识西字，仅即译名之字义，据为定论者，姑无论已。或深知西字，而于原字种种之意义，及种种之界限，未能明了，亦难免指鹿为马也。美术之字义，西儒解释者众，然多幽玄之哲理。非专门学者，恒苦不解。今姑从略。请以通俗之说，述之如下：

美，好也，善也。宇宙万物，除丑恶污秽者外，无论天工、人工，皆可谓之美术。日月霞云，山川花木，此天工之美术也；宫室衣服、舟车器什，此人工之美术也。天无美术，则世界浑沌；人无美术，则人类灭亡。泰古人类，穴居野处，迄于今日，文明日进。则美术思想有以致之。故凡宫室衣服，舟车器什，在今日，几视为人生所固有，而不知是即古人美术之遗物也。古人既制美术之物，遗我后人。后人摹造之，各竭其心思智力，补其遗憾，日益精进，互以美术相竞争。美者胜，恶者败，胜败起伏，而文明以是进步。故曰，美术者，文明之代表也。观英、法、德诸国，其政治、军备、学术、美术，皆以同一之程度，进于最高之位置。彼目美术为奢华，为淫艳、为外观之美者，是一孔之见，不足以概括美术二字也。

综而言之，美术字义，以最浅近之言解释之，美，好也；术，方法也。美术，要好之方法也。人不要好，则无忌惮；物不要好，则无进步。美术定义，如是而已！

以手制物，谓之手工。无术不能成。恩物亦手工中之一门，以手制造者，故恩物亦无术不能成。此固尽人皆知，非仆所强为牵合者。手工恩物既无术不能成，而独哓哓以重美术为戒，夫万物公例无中立，嗜美嗜恶，必居其一。不重美术，将以丑恶污秽为贵乎，仆知必不然也。

以上所解释美术者，虽属广义，然仆敢断定，手工恩物为应用美术之一种，此固毫无疑义者也。

美术之定义与界限，以上所言者，不过十之二三。他日有暇，当撰完全之美术论，以备足下参考。

图画修得法

我国图画，发达盖早。黄帝时史皇作绘，图画之术，实肇乎是。有周聿兴，司绘置专职，兹事寖盛。汉唐而还，流派灼著，道乃掝矣。顾秩序杂遝，教授鲜良法，浅学之士，靡自窥测。又其涉想所及，狃于故常，新理眇法，匪所加意，言之可为于邑。不佞航海之东，忽忽逾月，耳目所接，辄有异想。冬夜多暇，掇拾日儒柿山、松田两先生之言，间以己意，述为是编。夫唯大雅，倘有取于斯欤？

第一章　图画之效力

浑浑圆球，汶汶众生，洪荒而前，为萌为芽，吾靡得而论矣。迨夫社会发达，人类之思想寖以复杂。而达兹思想者，厥有种种符号。思想愈复杂，符号愈精密。其始也蟠屈其指，作式以代，艰苦万状，阙略滋繁。厥后代以语言，发为声响，凡一己之思想感情，佥能婉转以达之，为用便矣。然范围至狭，时间綦促，声响飘忽，霎不知其所极，其效用独未为完全也。于是制文字、尚纪录，传诸久远，俾以不朽。虽然，社会者，经岁月而愈复杂者也。吾人之思想感情，亦复杂日进，殆鲜底止。而语言文字之功用，有时或穷。例如，今有人千百，状人人殊，必一一形容其姿态服饰，纵声之舌，笔之书，匪涉冗长，即病疏略，殆犹不毋遗憾焉。而以所以弥兹遗憾，济语言文字之穷者，是有道焉。厥道为何？曰唯图画。

图画者，为物至简单，为状至明确。举人世至复杂之思想感情，可以一览得之。晚近以还，若书籍、若报章、若讲义，非不佐以图画，匡文字语言之不逮。效力所及，盖有如此。

说者曰：图画者娱乐的，非实用的。虽然，图画之范围綦广，匪娱乐的一端所能括也。夫图画之效力，与语言文字同，其性质亦复相似。脱以图画属娱乐的，又何解于语言文字?倡优曼辞独非语言，然则闻倡优曼辞，亦谓语言属娱乐的乎?小说传奇独非文字，然则诵小说传奇，亦谓文字属娱乐的乎?三尺童子当知其不然矣。人有恒言曰：言语之发达，与社会之发达相关系。今请易其说曰：图画之发达，与社会之发达相关系，蔑不可也。人有恒言曰：诗为无形之画，画为无声之诗。今请易其说曰：语言者无形之图画，图画者无声之语言，蔑不可也。若以专门技能言之，图画者美术工艺之源本。脱疑吾言，曷鉴泰西一千八百五十一年，英国设博览会，而英产工艺品居劣等。揆厥由来，则以笃守旧法故。爰憬然自省，定图画为国民教育必修科，不数稔，而英国制造品外观优美，依然震撼全欧。又若法国，自万国大博览会以来，不惜财力、时间、劳力，以谋图画之进步，置图画教育视学官，以奖励图画，而法国遂为世界大美术国。其他若美、若日本，佥模范法国，其美术工艺亦日益进步。夫一叶之绢，一片之木，脱加装饰，顿易旧观。唯技术巧拙，各不相埒，价值高下，爰判等差。故有同质同量之物，其价值不无轩轾者，盖有由也，匪直兹也。图画家将绘某物，注意其外形姑勿论，甚至构成之原理，部分之分解，纵极纤屑，靡不加意。故图画者可以养成绵密之注意，锐敏之观察，确实之智识，强健之记忆，著实之想象，健全之判断，高尚之审美心。（严冷之实利主义，主张审美教育，即美其情操，启其兴味，高尚其人品之谓也。）

李叔同绘画作品

此图画之效力关系于智育者也。若夫发为审美之情操，图画有最大之伟力。工图画者其嗜好必高尚，其品性必高洁。凡卑污陋劣之欲望，靡不扫除而淘汰之。其利用于宗教育道德上为尤著，此图画之效力关系于德育者也。又若为户外写生，旅行郊野，吸新鲜之空气，览山水之佳境，运动肢体，疏瀹精气，手挥目送，神为之怡，此又图画之效力关系于体育者也。

今举前所述者，括其大旨，表之如下：

图画之效力：

实质上

普通之技能

专门之技能

形式上

智育上

德育上

体育上

第二章　图画之种类

图画之种类至繁蓁赜，匪一言所可殚。然以性质上言之，判图与画为两种，若建筑图、制作图、装饰图模样等。又不关于美术工艺上者，有地图、海图、见取图（旧时示意图的称呼）测量图、解剖图等，皆谓之图，多假器械辅助而成之。若画者，不以器械辅助为主。今吾人所习见者，若额面（带框的画）、若轴物、若画帖，皆普通画也。又以描写方法上言之，判为自在画与用器图两种。凡知觉与想象各种之象形、假目力及手指之微妙以描写者，曰自在画。依器械之规矩而成者，曰用器图。之二者为近今日本最普通之名称。表其分类之大略如下：

图画：

自在画

日本画（传自中国）

土佐派

狩野派

南宗派

岸派

圆山派

四条派

浮世派

新派[①]

西洋画[②]

铅笔画

擦笔画

钢笔画

水彩画

油画

用器画

几何图

投影图

阴影图

透视图

① 明治十年后，欧米输入者。流派颇繁，姑不具论。述其种类，大略如下。

② 汇集诸派，参以西洋画之长，谓之新派。

第三章　自在画概说

（一）精神法。吾人见一画，必生一种特别之感情。若者滑稽，若者激烈；若者和蔼，若者高尚；若者潇洒，若者活泼，若者沉着，凡吾人感情所由及，即画之精神所由在。精神者千变万幻，匪可执一以搦之者也。竹茎之硬直，柳枝之纤弱，兔之轻快，豚之鲁钝，其现象虽相反，其精神正以相反而见。殊于成心求之，偵矣。故作画者必于物体之性质、常习、动作，研核翔审，握管摛写，庶几近之。

（二）位置法。论画与画面之关系曰位置法。普通之式，画面上方之空白，常较下方为多。特别之式，若飞鸟、轻气球等自然之性质偏于上方，宜于下方多留空白，与普通之式正相反。又若主位偏于一方，有一部岐出，其岐出之地之空白，宜多于主位。其他向左方之人物，左方多空白。向右方之人物，右方多空白。位置大略，如是而已。

（三）轮廓法。宇宙万类，象形各殊。然其相似之点正复不少。集合相似之点，定轮廓法凡七种：

甲　竿状体：火箸、鞭、仗、棒、旗竿、钓竿、枪、笔、帆樯、弓、矢、笛、锹、铳、军刀、筏乘等之器用；竹、兰草、女郎花等之禾木类隶焉。

乙　正方体（立方平板体，长立方体属此类）：手巾、包袱、石板、画籍、画套、算盘、皮箱、箱子、方盒、砚台、笔袋、镜台、方圆章、方瓶、大盆、烟草盆、刷毛、尺、桥体、几、方椅、方凳、马车、汽车、汽船、军舰、帆船、衣服折等之器用；马、牛、鼠、鹿、猫、犬等之兽类隶焉。

丙　球（椭圆、卵形属此类）：日、月、蹶球、达摩、假面、茶壶、茶碗、釜、地球仪、瓢帽、眼睛等之器用；桃、李、橘、梨、橙、柿、栗、枇杷、西瓜、南瓜、茄子、葫芦、水仙根、玉葱等之果实、野菜类；鸠、家鸭、莺、燕、百舌、鹤、雀、鹭等之鸟类。各种之花类；有姿势之兔、鼠、金鱼、龟、虫等隶焉。

丁　方柱：道标、桥栏、邮筒、画箱、纪念碑、五重塔，阶段、家屋等隶焉。

戊　方锥：亭、街灯、金字塔、炭斗，或家屋，建筑物等隶焉。

己　圆柱：竹筒、印泥盒、饭桶、灯笼、鼓、手卷、千里镜、笔筒等之器用类；乌瓜、丝瓜、胡瓜、白瓜、萝卜、藕、荚豆等之野菜类；鱿、鳗、鲇等之鱼类隶焉。

庚　圆锥：独乐、喇叭、笠、伞、蜡烛、桶、洋灯、杯、壶、臼、杵、锥、锚、电灯罩等隶焉。

又有结合七种之形态，成多角体之轮廓。凡花草虫鱼兽人物山水等，属此类者甚多。

（本文原刊于清末留日学生所办《醒狮》第3期，1905年12月，署名惜霜）

谈书法

我对于发心学字的人，总是劝他们：先由篆字学起。为什么呢？有几种理由：

（一）可以顺便研究《说文》，对于文字学，便可以有一点常识了。因为一个字一个字都有它的来源，并不是凭空虚构的，关于一笔一划，都不能随随便便乱写的。若不学篆书，不研究《说文》，对于字学及文字的起源就不能明白——简直可以说是不认得字啊！所以写字若由篆书入手，不但写字会进步，而且也很有兴味的。

（二）能写篆字以后，再学楷书，写字时一笔一划，也就不会写错的了。我以前看到养正院几位学生所抄写的稿子，写错的字很多很多。要晓得：写错了字，是很可耻的——这正如学英文的人一样，不能把字母拼错一个。若拼错了字，人家怎么认识呢？写错了我们自己的汉文字，更是不可以的。我们若先学会了篆书，再写楷字时，那就可以免掉很多错误。此外，写篆字也可以为写隶书、楷书、行书的基础。学会了篆字之后，对于写隶书、楷书、行书就都很容易——因为篆书是各种写字的根本。

李叔同书法

若要写篆字的话，可先参看《说文》这一类的书。有一位清人吴大澂（吴大澂：清代文字学家，江苏吴县人，精于古文字学，著有《说文部首》《字说》《说文古籀补》等文字学著作多部，在字学上颇具创见。）写的《说文部首》，那不可缺少的。因为这部书很好，便于初学，如果要学写字的话，先研究这一部书最好。

既然要发心学写字的话，除了写篆字而外，还有大楷、中楷、小楷，这几样都应当写。我以前小孩子的时候，都通通写过的。至于要学一尺二尺的字，有一个很简便的方法：那就可用大砖来写，平常把四块大砖拼合起来，做成桌子的样子，而且用架子架起来，也可当桌子用；要学写大字，却很方便，而且一物可供两用了。

大笔怎样得到呢？可用麻扎起来做大笔，要写时，就可以任意挥毫。大砖在南方也许不多，这里倒有一个方面可以替代：就是用水门汀拼起来成为桌子。而用麻来写字，都是一样的。这样一来，既可练习写字，而纸及笔，也就经济得多了。

篆书、隶书乃至行书都要写，样样都要学才好；一切碑帖也都要读，至少要浏览一下才可以。照以上的方法学了一个时期以后,才可专写一种或专写一体。这是由博而约的方法。

（三）至于用笔呢？算起来有很多种，如羊毫、狼毫、兔毫等。普通是用羊毫，紫毫及狼毫亦可用，并不限定哪一种。最要注意的一点，就是写大字须用大笔，千万不可用小笔！用小的笔写大字，那是很错误的。宁可用大笔写小字，不可以用小笔写大字。

还有纸的问题。市上所售的油光纸是很便宜的,但太光滑，很难写。若用本地所产的粗纸，就无此毛病的了。我的意思：高年级的同学可用粗纸，低年级的可用油光纸。

此地所用的有格子的纸，是不大适合的，和我们从前的九宫格的纸不同。以我的习惯而论，我用九宫格的方法，就不是这个样子。现在画在下面，并说明我的用法：

若用这种格子的纸，写起字来，是很方便的，这样一来，每个字都有规矩绳墨可守的。如写大楷时，两线相交的地方，成了一个十字形，就不致上下左右不相对称了。要晓得：写字总不能随随便便。每个字的地位要很正，要不偏左不偏右，不上不下，要有一定的标准。因为线有中心点，初学时注意此线，则写起来，自然会适中、很“落位”了。

平常写字时，写这个字，眼睛专看这个字，其余的字就不管，这也是不对的。因为上面的字，与下面的字都有关系的——即全部分的字，不论上下左右，都须连贯才可以。这一点很要紧，须十分注意。不可以只管写一个字，其余的一切不去管它。因为写字要使全体都能够配合，不能单就每个字去看的。

再有一点须注意的：当我们写字的时候，切不可倚在桌上，须使腕高高地悬起来，才可以运用如意。写中楷悬腕固然好，假如肘部要倚着，那也无妨。至于小楷，则可以倚在桌上，不必悬腕的。

（四）以上所说的，是写字的初步法门。现在顺便讲讲关于写对联、中堂、横披、条幅等的方法。

我们写对联或中堂，就所写的一幅字而论，是应该有章

李叔同书法

法的。普通的一幅中堂，论起优劣来，有几种要素须注意的。现在估量其应得的分数如下：

章法五十分；字三十五分；墨色五分；印章十分。

就以上四种要素合起来，总分数可以算一百分。其中并没有平均的分数。我觉得其差异及分配法，当照上面所分配的样子才可以。

一般人认为每个字都很要紧，然而依照上面的记分，只有三十五分。大家也许要怀疑，为什么章法反而分数占多数呢？就章法本身而论，它之所以占着重要的原因，理由很简单——在艺术上有所谓三原则，即：

（一）统一；

（二）变化；

（三）整齐。

这在西洋绘画方面是认为很重要的。我便借来用在此地，以批评一幅字的好坏。我们随便写一张字，无论中堂或对联，普通将字排起来，或横或直，首先要能够统一，字与字之间，彼此必须相联络、互相关系才好。但是单止统一也不能的，呆板也是不可以的，须当变化才好。若变化得太厉害，乱七八糟，当然不好看。所以必须注意彼此互相联络、互相关系才可以的。

就写字的章法而论，大略如此。说起来虽很简单，却不是一蹴可就的。这需要经验的，多多地练习，多看古人的书法以及碑帖，养成赏鉴艺术的眼光，自己能常去体认，从经验中体会出来，然后才可以慢慢地养成，有所成就。

所谓墨色要怎样才可以？即质料要好，而墨色要光亮才对。还有，印章盖坏了，也是不可以的。盖的地方要位置设中，很落位才对。所谓印章，当然要刻得好，印章上的字须写得好。至于印色，也当然要好的。盖用时，可以盖一颗两颗。印章有圆的方的，大的小的不一，且有种种的区别。如何区别及使用呢？那就要于写字之后再注意盖用，因为它也可以补救写字时章法的不足。

（五）以上所说的，是关于写字的基本法则。可当作一种规矩及准绳讲，不过是一种呆板的方法而已。

写字最好的方法是怎样，用哪一种的方法才可以达到顶好顶好的呢？我想诸位一定很热心地要问。

我想了又想，觉得想要写好字，还是要多多地练习，多看碑，多看帖才对，那就自然可以写得好了。

诸位或者要说，这是普通的方法，假如要达到最高的境界须如何呢？我没有办法再回答。曾记得《法华经》有云："是法非思量分别之所能解。"我便借用这句子，只改了一个字，那就是"是字非思量分别之所能解"了。因为世间上无论哪一种艺术，都是非思量分别之所能解的。

即以写字来说，也是要非思量分别才可以写得好的。同时要离开思量分别，才可以鉴赏艺术，才能达到艺术的最上乘的境界。

记得古来有一位禅宗的大师，有一次人家请他上堂说法，当时台下的听众很多，他登台后默默地坐了一会儿以后，即说："说法已毕。"便下堂了。所以，今天就写字而论，讲到这里，我也只好说"谈写字已毕了"。

假如诸位用一张白纸（完全是白的），没有写上一个字，送给教你们写字的法师看，那么他一定说："善哉，善哉！写得好，写得好！"

诸位听了我所讲的以后，要明白我的意思——学佛法最为要紧。如果佛法学得好，字也可以写得好的。不久会泉法师（会泉法师：闽南佛教界名宿，曾任南普陀住持多年。）要在妙释寺讲《维摩经》，诸位有空的时候，要去听讲，要注意研究。经典要多多地参考，才能懂得佛法。

我觉得最上乘的字或最上乘的艺术，在于从学佛法中得来。要从佛法中研究出来，才能达到最上乘的地步。所以，诸位若学佛法有一分的深入，那么字也会有一分的进步，能十分的去学佛法，写字也可以十分的进步。

今天所说的已经很够了。奉劝诸位：以后要勤求佛法，深研佛法。

呜呼！词章！

予到东后，稍涉猎日本唱歌，其词意袭用我古诗者，约十之九五（日本作歌大家大半善汉诗）。我国近世以来，士习帖括，词章之学，佥蔑视之。晚近西学输入，风靡一时。词章之名辞，几有消灭之势。不学之徒，习为蔽冒，诋其故典，废弃雅言。迨见日本唱歌，反啧啧称其理想之奇妙。凡吾古诗之唾余，皆认为岛夷所固有。

既齿冷于大雅，亦贻笑于外人矣！

（日本学者皆通《史记》《汉书》。昔有日本人举史汉事迹，质诸吾国留学生，而留学生茫然不解所谓。且不知《史记》《汉书》为何物。致使日本人传为笑柄。）

《城南草堂笔记》跋

云间许幻园姻谱兄，风流文采，倾动一时。庚子初夏，余寄居城南草堂。由是促膝论文，迄无虚夕。今春养疴多暇，数日间著有笔记三卷，将付剞劂。窃考古人立言，与立德、立功并重。往往心有所得，辄札记简帙，兼收并载。积日既久，遂成大观。如宋之《铁围山丛谈》、本朝《茶余客话》《柳南随笔》之类。今幻园以数日而成书三卷，其神勇尤为前人所不及。他日润色鸿业，著作承明。日试万言，倚马可待。则遽幻园之学，岂限于是哉。

李叔同、许幻园等“天涯五友”

时在辛丑元宵后，余将有豫中之行。君持初稿属为题词。奈行李匆匆，竟未得从容构想。爰跋数语，以志钦佩。

当湖惜霜仙史李成蹊漱筒甫倚装谨识。

辛丑北征泪墨

游子无家，朔南驰逐。值兹离乱，弥多感哀。城郭人民，慨怆今昔。耳目所接，辄志简编。零句断章，积焉成帙。重加厘削，定为一卷。不书时日，酬应杂务。百无二三，颜曰:《北征泪墨》，以示不从日记例也。

辛丑初夏，惜霜识于海上李庐。

光绪二十七年春正月，拟赴豫省仲兄。将启行矣，填《南浦月》一阕海上留别词云：

杨柳无情，丝丝化作愁千缕。惺忪如许，萦起心头绪。谁道销魂,尽是无凭据。离亭外,一帆风雨,只有人归去。

越数日启行，风平浪静，欣慰殊甚。落日照海，白浪翻银，精采眩目。群鸟翻翼，回翔水面。附海诸岛，若隐若现。是夜梦至家，见老母室人作对泣状，似不胜离别之感者。余亦潸然涕下。比醒时，泪痕已湿枕矣。

途经大沽口，沿岸残垒败灶，不堪极目。《夜泊塘沽》诗云：

杜宇声声归去好，天涯何处无芳草。春来春去奈愁何？流光一霎催人老。

新鬼故鬼鸣喧哗，野火磷磷树影遮。月似解人离别苦，清光减作一钩斜。

天津大沽口炮台

晨起登岸，行李冗赘。至则第一次火车已开往矣。欲寻客邸暂驻行踪，而兵燹之后，旧时旅馆率皆颓坏。有新筑草舍三间，无门窗床几，人皆席地坐，杯茶盂馔，都叹缺如。强忍饥渴，兀坐长喟。至日暮，始乘火车赴天津。路途所经，庐舍大半烧毁。抵津城，而城墙已拆去，十无二三矣。侨寄城东姚氏庐，逢旧日诸友人，晋接之余，忽忽然如隔世。唐句云："乍见翻疑梦，相悲各问年。"其此境乎！到津次夜，大风怒吼，金铁皆鸣，愁不成寐，诗云：

世界鱼龙混，天心何不平！岂因时事感，偏作怒号声。烛尽难寻梦，春寒况五更。马嘶残月坠，笳鼓万军营。

居津数日，拟赴豫中。闻土寇蜂起，虎踞海隅，屡伤洋兵，行人惴惴。余自是无赴豫之志矣。小住二旬，仍归棹海上。

天津北城旧地，拆毁甫毕。尘积数寸，风沙漫天，而旷阔逾恒，行道者便之。

晤日本上冈君，名岩太，字白电，别号九十九洋生，赤十字社中人，今在病院。笔谈竟夕，极为契合，蒙勉以“尽忠报国”等语，感愧殊甚。因成七绝一章，以当诗云：

杜宇啼残故国愁，虚名遑敢望千秋。男儿若论收场好，不是将军也断头。

越日，又偕赵幼梅师、大野舍吉君、王君耀忱及上冈君，合拍一照于育婴堂，盖赵师近日执事于其间也。

居津时，日过育婴堂，访赵幼梅师，谈日本人求赵师书者甚多，见予略解分布，亦争以缣素嘱写。颇有应接不暇之势。追忆其姓名，可记者，曰神鹤吉、曰大野舍吉、曰大桥富藏、曰井上信夫、曰上冈岩太，曰塚崎饭五郎、曰稻垣几松。就中大桥君有书名，予乞得数幅。又丐赵师转求千郁治书一联，以千叶君尤负盛名也。海外墨缘，于斯为盛。

北方当仲春天气，犹凝阴积寒。抚事感时，增人烦恼。旅馆无俚。读李后主《浪淘沙》词“帘外雨潺潺，春意阑珊。罗衾不耐五更寒”句，为之怅然久之。既而，风雪交加，严寒砭骨，身着重裘，犹起栗也。《津门清明》诗云：

一杯浊酒过清明，觞断樽前百感生。辜负江南好风景，杏花时节在边城。

世人每好作感时诗文，余雅不喜此事。曾有诗以示津中同人。诗云：

千秋功罪公评在，我本红羊劫外身。自分聪明原有限，羞从事后论旁人。

北地多狂风，今岁益甚。某日夕，有黄云自西北来，忽焉狂风怒号，飞沙迷目。彼苍苍者其亦有所感乎！

二月杪，整装南下，第一夜宿塘沽旅馆。长夜漫漫，孤灯如豆，填《西江月》一阕词云：

残漏惊人梦里，孤灯对景成双。前尘渺渺几思量，只道人归是谎。谁说春宵苦短，算来竟比年长。海风吹起夜潮狂，怎把新愁吹涨。

越日，日夕登轮。诗云：

感慨沧桑变，天边极目时。晚帆轻似箭，落日大如萁。风卷旌旗走，野平车马驰。河山悲故国，不禁泪双垂。

开轮后，入夜管弦嘈杂，突惊幽梦。倚枕静听，音节斐靡，飒飒动人。昔人诗云："我已三更鸳梦醒，犹闻帘外有笙歌。"不图于今日得之。

舟泊烟台，山势环拱，帆樯云集，海水莹然，作深碧色。往来渔舟，清可见底。登高眺远，幽怀顿开。诗云：

澄澄一水碧琉璃，长鸣海鸟如儿啼。晨日掩山白无色，□□□□青天低。

午后，偕友登烟台岸小憩，归来已日暮。□□□开轮。午餐后，同人又各奏乐器，笙琴笛管，无美不□。迭奏未已，继以清歌。愁人当此，虽可差解寂寥。然河满一声，奈何空唤；适足增我回肠荡气耳。枕上口占一绝，云：

子夜新声碧玉环，可怜肠断念家山。劝君莫把愁颜破，西望长安人未还。

文美会消息（三则）

文美会之成立

叶楚伧、柳亚庐、朱少屏、曾孝谷、李叔同诸氏同发起文美会，以研究文学美术为目的。凡品学两优、得会员介绍者，即可入会。每月雅集一次，展览会员自作诗文美术作品，传观《文美》杂志、联句、各家演讲，当筵挥毫，展览品拈阄交换等。事务所设在太平洋报社楼上编辑部内。（4 月 1 日）

文艺批评

日本书画大家创立淡白会，每月开会一次。七年前，淡白会场多在汤岛天神鱼士楼，近年移至京桥出云町孔川楼。开会时，陈设会员作品，当筵挥毫，出品交换。吾国近发起之文美会，与此性质相似。淡白会员仅十余人，人品皆风雅娴静，其作品极潇洒清疏，洵不愧淡白之名矣。吾国人陈师曾、曾孝谷、李叔同诸氏留学东京时，亦在此会，日人当筵乞书画者尤多。（4 月 15 日）

李叔同书法

文美会第一回开会之盛况

1. 速开第一回月会之理由

文美会以研究文学美术为宗旨。阳历三月即已成立。发起人为柳亚庐、叶楚伧、朱少屏、李息霜、曾存吴诸氏。照章每月须开例会一次。因同人事务繁忙，第一回月会本拟月底举行。而文学书画家陈师曾（即朽道人）、范彦殊二君向在南通州主持政教，日前适以事来沪。良朋快聚，佳会难得，同人特尽力摒挡，赶于14日午后四时，在三马路大新街天兴楼上开第一回月会。文酒设宴，成于咄嗟，而其盛况实有令人惊叹者，亦可谓空前之韵事也。

2. 地点之意外适宜

原拟借愚园或徬虹园一席之地，陈列文艺品及会友小集，而以上各地稍嫌偏远，运送品物或多不便，屋宇于陈列品物亦未必适用。会期已迫，而会场未定，同人非常焦灼。忽有谓天兴酒楼后楼有屋三楹，足供应用者，不得已而定议，以该楼为第一回月会之会场。屋共三间，一间陈列各会员交换品，书画家当宴挥毫亦附于此室；一间陈列卖品；一间陈列参考品。琳琅四壁，照眼光耀。屋虽略小而颇合用，一切供应亦颇亲近，而会友往来交通复极便利。不谓于十丈红尘、万种喧阗之中，忽现此淡泊而不谐俗之冷会，与会者咸谓，为初念所不及料云。

3. 陈列品之种种可观

是日因会期定于仓促，发表甚迟，而到会者尚有二十余人之多。李梅庵（即玉梅花庵道士）、吴昌硕两先生，亦以客员资格来襄盛举，且皆临时挥毫，应人之请，其豪兴正复不浅。出交换品共十三人，一人有出二件或四件者，共得二十余件。其中最可宝（保）贵者，为八十二岁老人蒋卓如先生书联，文曰："以人为纪，得天之时。"又，朽道人之梅花条幅，枝干皆用篆法画成，古香古色，洵推杰作。又，范彦殊氏之折扇，自书文美小集之律诗一首，流连文酒，感时得意之怀，溢于楮墨。得此为纪念，文美增色多矣。其它交换品十余件，如诸贞长、费公直、柳亚庐、余天遂、严诗庵、黄朴存、叶楚伧、夏笑庵、李息霜、曾存吴诸氏，或录旧诗，或抒新采，兴酣落笔，皆具特殊之长。出卖品二十余件，李梅庵氏之折扇二柄，皆两面书画，笔墨题识，趣味入古，一望而知为名手。朽道人山水二幅，气韵浑厚。李息霜氏以篆法书英字，自成派别，而不伤雅，所书系英国大文豪沙翁之诗，体裁恰好。曾存吴氏之花卉团扇，摹模恽派，颇有心得。沈筱庄之雕刻象牙扇骨，于三四分宽、四寸长之物，刻字八行，每行百二十字左右，细入毫芒，而笔意直逼米老，精妙绝伦。谓之魔术中之雕刻家，非过誉也。

参考品另为一室。曾存吴氏所藏五六年来日本文部省美术展览会之选品及日本西洋画家之杰作集五六种，参照印证，引增兴趣不少。朱少屏氏所藏古画多种，皆名人之作。其最夺目者为于海屋之手卷，花木数十种，穿插配合，实具苦心。

异禽二十余种，共四十余尾，构图设色，迥异时流。他若朽道人之《残荷》，运笔疏宕，觉秋水伊人，呼之欲出。又，沈墨仙氏之《枇杷》、李梅庵氏之《松》、吴昌硕氏之《梅》，（三氏皆临时挥毫），一时兴来之作，莫不韵味天然，一洗凡近之习也。

4. 杂志之特色

同人制作品凡百余页，首文，次诗，次词，又图画十六幅，印五种，滑稽告白数种，及附录文艺纪事，用杂志体裁装成一册，名曰《文美》。叙言系姚锡钧氏所作，他为黄宾虹氏之古玺印铭，息霜氏之《李庐印谱序》、存吴氏之《与某记者论西洋书画》、（天）遂氏之《遂庐笔记》、亚子氏之《血泪碑历史》，皆饶有趣味之作。诗词则洪思默感，沉艳浓郁，无件不精。图画中山水最多，绵密轻妙，各有家法。息霜氏之《盼》，以洋画笔墨写优美之意，实为吾国画界之创格。存吴氏之《马》，用笔设色，纯仿宋法。比较息霜氏之《盼》，一新一旧，恰是背道而驰。对照参观，可见艺术之头头是道也。朽道人之广告集图案，系用汉竹叶碑文组织而成，趣味高古，

吴昌硕之绘画作品

可以为亚东国粹之代表。严诗庵氏之《文美纪念碑》,别开生面，而独具匠心。以上各品装成杂志，原以备临时传观会友。因佳制甚多，秘之可惜，刻拟集资印，不日即可发行，诚快事也。

5. 交换书画品之愉快

会友十三人，共出交换品二十余件，于尊酒微醺之际，由李、曾二氏用抽签法彼此互换。此时，凡出品者，皆于其所欣感之物生无限希望。每揭一物名，则属耳注目者举场一致，其情与盼望选举之发表都无殊异。黄朴存氏慕朽道人之名已久，及是日，见朽之交换品系古梅一幅，垂涎特甚。未几发表,应得是画之主人竟是黄氏,合堂喝采。而黄氏之得意，尤不可形容。范彦殊之诗扇，李息霜读之，爱不释手。当用笺纸书是诗纳入衣袋中，虑少缓为他人所得，不及抄录也。不意发表后，此扇亦竟为李氏所得，皆可谓随心所欲矣！曾

佛（圖形印）

存吴氏之画扇，初用纸套封固，未露真面，人皆疑为裸体美人。于是引起一般好奇之心。欲得是品者不知凡几。及至揭晓，仍是恽派花卉，为费公直氏所得。而存吴氏所得，系息霜氏之书。曾、李本旧同学，交换书画之事非止一次。是日用抽签法，曾又得李之制作，一若数由前定之也。讵最后之一人为严诗庵氏所得，仍是自作之品。无已，乃与存吴氏所得再相交换，然后毕事。洗杯更酌，夜色已初更矣。（5 月 16 日 –18 日）

咏山茶花

瑟瑟寒风剪剪催，几枝花发水云隈。
淡妆写出无双品，芳信传来第二回。
春色鲜鲜胜似锦，粉痕艳艳瘦于梅。
本来桃李羞同调，故向百花头上开。

右余近作《山茶花》诗也。格效东瀛诗体，愧鲜形貌之似。近读东瀛山根立庵先生佳作，而拙作益觉如土饭尘羹矣。先生《咏山茶花诗》云："前身尝住建溪滨，国色由来出素贫。凌雪知非青女匹，耐寒或与水仙亲。丰腴坡老诗中相，明艳涪翁赋里人。莫被渡江梅柳妒，群芳凋日早回春。"

己亥岁暮之月　惜霜仙史成蹊。

李叔同绘山茶花

照红词客介香梦词人属题采菊图，为赋二十八字

田园十亩老烟霞，
水绕篱边菊影斜。
独有闲情旧词客，
春花不惜惜秋花。

冬夜客感

纸窗吹破夜来风，砭骨寒添漏未终。
云掩月殢光惨白，帘飘烛影焰摇红。
无心难定去留计，有泪常抛梦寐中。
烦恼自寻休自怨，待将情事诉归鸿。

朝游不忍池

风泊鸾飘有所思，出门怅惘欲何之。
晓星三五明到眼，残月一痕纤似眉。
秋草黄枯菡萏国，紫薇红湿水仙祠。
小桥独立了无语，瞥见林梢升曙曦。

为老妓高翠娥作

残山剩水可怜宵，
慢把琴樽慰寂寥。
顿老琵琶妥娘曲，
红楼暮雨梦南朝。

人　病

人病墨池干，南风六月寒。
肺枯红叶落，身瘦白衣宽。
人世儿侪笑，当门景色阑。
昨宵梦王母，猛忆少年欢。

李叔同年少时

偶得佳句留赠苹香

沧海狂澜聒地流，新声怕听四弦秋。
如何十里章台路，只有花枝不解愁。
最高楼上月初斜，惨绿愁红掩映遮。
我欲当筵拼一哭，那堪重听后庭花。
残山剩水说南朝，黄浦东风夜卷潮。
河满一声惊掩面，可怜肠断玉人箫。

口占赠李苹香

子女平分二十周，
那堪更作狭邪游。
只因第一伤心事，
红粉英雄不自由！

和补园赠天韵阁主人元韵

慢将别恨怨离居，一幅新愁和泪书。
梦醒扬州狂杜牧，风尘辜负女相如。
马缨一树个侬家，窗外珠帘映碧纱。
解道伤心有司马，不将幽怨诉琵琶。
伊谁情种说神仙，恨海茫茫本孽缘。
笑我风怀半消却，年来参透断肠禅。
闲愁检点付新诗，岁月惊心发已丝。
取次花丛懒回顾，休将薄悻怨微之。

《茶花女遗事》演后感赋

东邻有儿背佝偻，西邻有女犹含羞。
蟪蛄宁识春与秋，金莲鞋子玉搔头。

拆度众生成佛果，为现歌台说法身。
孟旃不作吾道绝，中原滚地皆胡尘。

李叔同男扮女装演《茶花女》剧照

东京十大名士追荐会即席赋诗

苍茫独立欲无言，落日昏昏虎豹蹲。
剩却穷途两行泪，且来瀛海吊诗魂。
故国荒凉剧可哀，千年旧学半尘埃。
沉沉风雨鸡鸣夜，可有男儿奋袂来。

喝火令

故国今谁生？胡天月已西。朝朝暮暮笑迷迷，记否天津桥上杜鹃啼？记否杜鹃声里几色顺民旗？

初　夜

眉月一弯夜三更，画屏深处宝鸭篆烟青。唧唧唧唧，唧唧唧唧，秋虫绕砌鸣。小簟凉多睡味清。

春　夜

金谷园中，黄昏人静，一轮明月，恰上花梢。月圆花好，如此良宵，莫把这似水光阴空过了！英雄安在，荒塚萧萧。你试看他青史功名，你试看他朱门锦绣，繁华如梦，满目蓬篙！天地逆旅，光阴过客，无聊。倒不如闲非闲是尽抛去，逍遥。倒不如花前月下且游遨，将金樽倒。海棠睡去，把红烛烧；荼蘼开未，把揭鼓敲。莫教天上嫦娥将人笑。

醉花阴·闺怨

落尽杨花红板路，无计留春住。独立玉阑干，欲诉离愁，生怕笼鹦鹉。楼头又见斜阳暮，怎耐归期误。相忆梦难成，芳草天涯，极目人何处？

和冬青馆主题京伶瑶华画扇四绝

素心一瓣证前因，恻恻灵根渺渺神。话到华年怨迟暮，美人香草哭灵均。（瑶华工绘兰，有清古之趣）

承平歌舞忆京华，紫陌青骢踏落花。记得春风楼畔路，琵琶弹彻雁行斜。（瑶华善弹琵琶，负重名，为长安诸伶之冠）

鼙鼓渔阳感劫尘，莺花无复旧时春。（自去年变起，谢绝尘网，不复弹此调矣！）潇潇暮雨徐娘怨，忆否江南梦里人。（沪上女校书徐琴仙亦擅琵琶。今老矣，犹零落风尘）

长安子弟叹飘零（去年乱后，大半来沪），曾向红羊劫里经。莫问开元太平曲，伤心回首旧门庭。

关于音乐

歌词

哀祖国

小雅尽废兮，
出车采薇矣。
豺狼当途兮，
人类其非矣。
凤鸟兮，
河图兮，
梦想为劳矣。
冉冉老将至兮，
甚矣吾衰矣。

隋堤柳

甚西风吹醒隋堤衰柳，

李叔同在日本留学时留影

江山非旧，

只风景依稀，

凄凉时候。

零星旧梦半沉浮，

说阅尽兴亡，

遮难回首。

昔日珠帘锦幕，

有淡烟一抹，

纤月盈钩。

剩水残山故国秋。

知否，知否，

眼底离离麦秀。

说甚无情，
情丝踠到心头。
杜鹃啼血哭神州，
海棠有泪伤秋瘦。
深愁浅愁难消受，
谁家庭院笙歌又。

忆儿时

春去秋来，岁月如流，游子伤漂泊。
回忆儿时，家居嬉戏，光景宛如昨。
茅屋三椽，老梅一树，树底迷藏捉。
高枝啼鸟，小川游鱼，曾把闲情托。
儿时欢乐，斯乐不可作。
儿时欢乐，斯乐不可作。

送　别

长亭外，古道边，
芳草碧连天。
晚风拂柳笛声残，
夕阳山外山。

送别

李叔同 词
约翰·奥思特 曲
杨鸿年 编合唱

1=C $\frac{4}{4}$
深情地

独唱
长亭外，古道边，芳草碧连天。
晚风拂柳笛声残，夕阳山外山。

（四人）啊

天之涯，地之角，知交半零落。一觚浊酒尽余欢，
hum
hum

（四人）啊

今宵别梦寒。天之涯，地之角，知交半零落。
hum
hum

天之涯、地之角，

知交半零落；

一觚浊酒尽余欢，

今宵别梦寒。

长亭外，古道边，

芳草碧连天。

晚风拂柳笛声残，

夕阳山外山。

留　别

满斟绿醑留君住，

莫匆匆归去！

三分春色二分愁，

更一分风雨。

花开花落都来几许，

且高歌休诉！

不知来岁牡丹时，

再相逢何处！

春游曲

春风吹面薄于纱，
春人妆束淡于画。
游春人在画中行，
万花飞舞春人下。
梨花淡白菜花黄，
柳花委地芥花香。
莺啼陌上人归去，
花外疏钟送夕阳。

秋　感

（一）

黄沙烈烈吹南风，
燕啄王孙将母同。
洛阳门前铜驼泣，
会见汝在荆棘中。

（二）

新亭名士泪沾衣，
风景不殊江河非。

金狄已去冬青死，
犹有寒蝶东园飞。

梦

哀游子茕茕其无依兮，在天之涯。
唯长夜漫漫而独寐兮，时恍惚以魂驰。
梦偃卧摇篮以啼笑兮，似婴儿时。
母食我甘饹与粉饵兮，父衣我以彩衣。
哀游子怆怆而自怜兮，吊形影悲。
唯长夜漫漫而独寐兮，时恍惚以魂驰。
梦挥泪出门辞父母兮，叹生别离。
父语我眠食宜珍重兮，母语我以早归。
月落乌啼，梦影依稀，往事知不知？
汩半生哀乐之长逝兮，感亲之恩其永垂。

采　莲

采莲复采莲，
莲花莲叶何蹁跹！
露华如珠月如水，
十五十六清光圆。

采莲复采莲，

莲花莲叶何蹁跹！

归　燕

几日东风过寒食，

秋来花事已阑珊。

疏林寂寂双燕飞，

低徊软语语呢喃。

呢喃，呢喃，

雕梁春去梦如烟，

绿芜庭院罢歌弦。

乌衣门巷捐秋扇，

树杪斜阳淡欲眠。

天涯芳草离亭晚，

不如归去归故山。

故山隐约苍漫漫。

呢喃，呢喃，

不如归去归故山。

李叔同书法

西 湖

看明湖一碧，六桥锁烟水。
塔影参差，有画船自来去。
垂杨柳两行，绿染长堤。
飏晴风，又笛韵悠扬起。
看青山四围高峰南北齐。
山色自空濛，有竹木媚幽姿。

探古洞烟霞，翠扑须眉雪暮雨，又钟声林外起。

大好湖山美如此，独擅天然美。

明湖碧无际，又青山绿作堆。

漾晴光潋滟，带雨色幽奇。

靓妆比西子，尽浓淡总相宜。

长　逝

看今朝树色青青，
奈明朝落叶凋零。
看今朝花开灼灼，
奈明朝落红飘泊。
唯春与秋其代序兮，
感岁月之不居。
老冉冉以将至，
伤青春其长逝。

清凉歌五首

（一）清凉

清凉月，月到天心光明殊皎洁。

今唱清凉歌，心地光明一笑呵。

清凉风，凉风解愠暑气已无踪。
今唱清凉歌，热恼消除万物和。
清凉水，清水一渠涤荡诸污秽。
今唱清凉歌，身心无垢乐如何。
清凉，清凉，无上究竟真常。

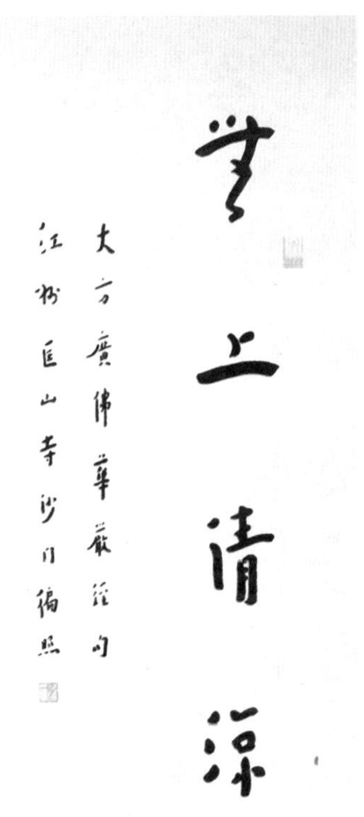

李叔同书法

（二）山色

近观山色苍然青，其色如蓝。

远观山色郁然翠，如蓝成靛。

山色非变，山色如故，目力有长短，

山近渐远，易青为翠。

自远渐近，易翠为青。

时常更换，是山缘会。

幻想现前，非幻翠幻，而青亦幻。

是幻，是幻，万法皆然。

（三）花香

庭中百合花开，昼有香，香淡如，入夜来，香乃烈。鼻观是一，何以昼夜浓淡有殊别。自昼众喧动，纷纷俗务萦。目视色，俗务萦。目视色，耳听声，鼻观之力，分于耳目丧其灵。心清闻妙香，用志不分，乃凝于神，古训好参详。

（四）世梦

却来观世间，犹如梦中事。人生自少而壮，自壮而老。俄入胞胎，俄出胞胎，又入又出无穷已。生不知来，死不知去，蒙蒙然，冥冥然，千生万劫不自知。非真梦欤。枕上片时春梦中，行尽江南数千里。今贪名利，梯山航海，岂必枕上尔。庄生梦蝴蝶，孔子梦周公，梦时固是梦，醒时何非梦。旷大劫来，一时一刻皆梦中。破尽无明，大觉能仁，如是乃为梦醒汉，如是乃名无上尊。

（五）观心

世间学问义理浅，头绪多似易而反难。出世学问义理深，线索一虽难而似易，线索为何，现在一念心性应寻觅。试观心性，在内欤，在外欤，在中间欤，过去欤，现在欤，或未来欤，长短方圆欤，青黄赤白欤，觅心了不可得，便悟自性真常。是应直下信入，未可错下承当。试观心性，内外中间，过去现在未来，长短方圆，青黄赤白。

挽　歌

月落乌啼，
梦影依稀，
往事知不知？
泊半生哀乐之长逝兮，
感亲之恩其永垂。

《李苹香》序

向读龚瑟人《京师乐籍说》，渊渊然忧，涓涓然思，曰：“乐籍祸人家国，其剧烈有如是欤？”既而披欧籍，籀新理，乃知龚子之说，颇涉影响。曷言之？乐籍之进步，与文明之发达，关系綦切。故考其文明之程度，观于乐籍可知也。时乎文化惨淡，民智呰窳。虽有乐籍，其势力弱，其进步迟。卑卑之伦，固鲜足齿。若文明发达之国，乐籍棋布，殆遍都邑。杂裙垂髾，目窕心与。游其间者，精神豁爽，体力活泼，开思想之灵窍，辟脑丝之智府。说者疑吾言乎？易观欧洲之法兰西京师巴黎，乐籍之盛为全球冠。宜其民族沉溺于兹，无复高旷之思想矣。乃何以欧洲犹有“欲铸活脑力，当作巴黎游”之谚？兹说兹理，较然甚明，奚俟刺刺为耶！唯我支那，文化未进，乐籍之名，魁儒勿道。上海一阜，号称繁华，以视法之小邑，犹莫逮其万一，遑论巴黎！岂野蛮之现象固如是，抑亦提倡之者无其人欤！

友人铄镂十一郎，新撰一小册子，曰《李苹香》，邮函索叙于余。余固未见其书，无自述其内容。第稔李苹香，为上海乐籍之卓著者。君撰是册，亦非碌碌因人者。不揣梼昧，摭拾西哲最新之学说，为读是书者告。夫唯大雅，倘亦韪兹说欤！

甲辰春杪，当湖惜霜。

《音乐小杂志》序言

闲庭春浅，疏梅半开。朝曦上衣，软风入媚。流莺三五，隔树乱啼。乳燕一双，依人不语。上下宛转，有若互答。其音清脆，悦魄荡心。若夫萧辰告悴，百草不芳，寒蛩泣霜，杜鹃啼血，疏砧落叶，夜雨鸣鸡，闻者为之不欢，离人于焉陨涕。又若登高山，临巨流，海鸟长啼，天风振袖，奔涛怒吼，更相逐搏，砰磅訇磕，谷震山鸣，懦夫丧魄而不前，壮士奋袂以兴起。呜乎，声音之道，感人深矣！唯彼声音，佥出天然，若夫人为，厥有音乐，天人异趣，效用靡殊。夫音乐，肇自古初。史家所闻，实祖印度，埃及传之，稍事制作。逮及希腊，乃有定名（希腊人谓音乐为古女神 Muses 之遗，故定名曰 Musical），道以著矣。自是而降，代有作者。流派灼彰，新理泉达。瑰伟卓绝，突轶前贤。迄于今兹，发达益烈。云水涌，一泻千里。欧美风靡，亚东景从。盖琢磨道德，促社会之健全；陶冶性情，感精神之粹美。效用之力，宁有极矣。乙巳十月，同人议创美术杂志，音乐隶焉。乃规模粗具，风潮突起。同人星散，瓦解势成，不佞留滞东京，索居寡侣。重食前说，负疚何如？爰以个人绵力，先刊《音乐小杂志》。饷我学界，期年二册，春秋刊行。蠡测莛撞，矢口惭讷。大雅宏达，不弃窳陋。有以启之，所深幸也。呜乎，沉沉乐界，眷予情其信芳。寂寂家山，独抑郁而谁语？矧夫湘灵瑟渺，凄凉帝子之魂；故国天寒，呜咽山阳之笛。春灯燕子，可怜几树斜阳；玉树后庭，愁对一钩新月。望凉风于天末，吹参差其谁思！瞑想前尘，辄为怅惘。旅楼一角，长夜如年。援笔未终，灯昏欲泣。

时丙午正月三日。

李叔同创办的《音乐小杂志》

《国学唱歌集》序

《乐经》云亡，诗教式微。道德沦丧，精力熛摧。三稔以还，沈子心工、曾子志忞，绍介西乐于我学界，识者称道毋少衰。顾歌集甄录，佥出近人撰著，古义微言，匪所加意。余心恫焉。商量旧学，缀集兹册，上溯古毛诗，下逮昆山曲。靡不鳃理而会粹之。或谱以新声，或仍其古调，颜曰《国学唱歌集》，区类为五：

毛诗三百，古唱歌集。数典忘祖，可为于邑。《扬葩》第一。
风雅不作，齐竽竞嘈。高矩遗我，厥唯楚骚。《翼骚》第二。
五言七言，滥觞汉魏。瓌瑰伟卓绝，正声罔愧。《修诗》第三。
词托比兴，权舆古诗。楚雨含情，大道在兹。《摛词》第四。
余生也晚，古乐靡闻。夫唯大雅，卓彼西昆。《登昆》第五。

附：《国学唱歌集》出版广告：

李叔同氏之新作《国学唱歌集》初编

沪学会乐歌研究科教本，李叔同编，区类为五：曰《扬葩》、曰《翼骚》、曰《修诗》、曰《摛词》、曰《登昆》。摅怀旧之蓄念，振大汉之天声。诚师范学校、中学校最新之教本。初编已经出版，价洋二角。

春柳社开丁未演艺大会之趣意

演艺之事关系于文明至巨，故本社创办伊始，特设专部研究新旧戏曲，冀为吾国艺界改良之先导。春间曾于青年会扮演助善，颇辱同人喝彩。嗣复承海内外士夫交相赞助，本社值此事机，不敢放弃。兹定于六月初一日、初二日借本乡座举行丁未演艺大会。准于每日午后一时始，开演《黑奴吁天录》五幕。所有内容之概论及各幕扮装人名，特列左方。大雅君子，幸垂教焉！

春柳社文艺研究会简章

本社以研究文艺为的。凡词章、书画、音乐、剧曲等皆隶焉。

本社每岁春秋开大会二次，或展览书画，或演奏乐剧。又定期刊行杂志，随时刊行小说脚本、绘叶书之类。（办法另有专章。）

凡同志愿入社研究文艺者为社员。（应任之事务及按月应缴之会费，另有专章。）

其有赞成本社宗旨者，公推为名誉赞成员（无会费）。

无论社员与名誉赞成员，凡本社所出之印刷物，皆于发行时呈赠一份，不取价资。

人间晚晴

处众处独，宜韬宜晦，若哑若聋，如痴如醉，埋光埋名，养智养慧，随动随静，忘内忘外。

⊙若失本心，即当忏悔，忏悔之法，是为清凉。（金刚三昧经）

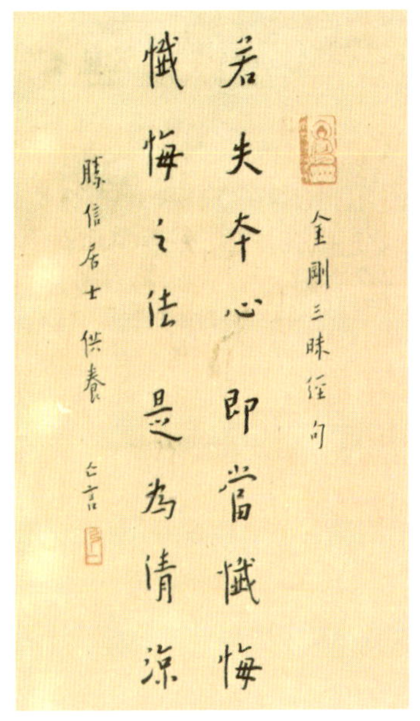

弘一法师书法

⊙菩萨若能随顺众生，则为随顺供养诸佛。若于众生尊重承事，则为尊重承事如来。若令众生生欢喜者，则令一切如来欢喜。（华严经普贤行愿品）

⊙我若多嗔及怨结者，十方现在诸佛世尊皆应见我，当作是念：云何此人欲求菩提而生嗔恚及以怨结？此愚痴人，以嗔恨故，于自诸苦不能解脱，何由能救一切众生？（华严经修慈分）

⊙迦叶白佛：我等从今，当于一切众生生世尊想。若生轻心，则为自伤。佛言：善哉快论。（首楞严三昧经依宝王论节文）

⊙应代一切众生受加毁辱，恶事向自己，好事与他人。（梵网经）

⊙离贪嫉者能净心中贪欲云翳，犹如夜月，众星围绕。（理趣六波罗蜜多经）

⊙生死不断绝，贪欲嗜味故，养怨入丘冢，虚受诸辛苦。（大宝积经富楼那会）

⊙是身如掣电，类乾闼婆城，云何于他人，数生于喜怒？（诸法集要经）

⊙嗔恚之害则破诸善法，坏好名闻，今世后世，人不喜见。（佛遗教经）

⊙行少欲者，心则坦然，无所忧畏，触事有余，常无不足。（佛遗教经）

⊙身语意业不造恶，不恼世间诸有情，正念观知欲境空，无益之苦当远离。（有部律周利槃陀伽尊者，三月不能诵得，即此伽陀也）

⊙名誉及利养，愚人所爱乐，能损害善法，如剑斩人头。（有部律）

⊙世间色声香味触，常能诳惑一切凡夫，令生爱著。（智者大师）

⊙嗔是失佛法之根本，坠恶道之因缘，法乐之冤家，善心之大贼，种种恶口之府藏。（智者大师）

⊙凡夫学道法，唯可心自知，造次向他道，他即反生诽。谛观少言说，人重德能成，远众近静处，端坐正思唯。但自观身行，口勿说他短，结舌少论量，默然心柔软。无知若聋盲，内智怀实宝，头陀乐闲静，对修离懈惰。（道宣律师）

⊙处众处独，宜韬宜晦，若哑若聋，如痴如醉，埋光埋名，养智养慧，随动随静，忘内忘外。（翠严禅师）

⊙我且问你，忽然临命终时，你将何抵敌生死？须是闲时办得下，忙时得用，多少省力。休待临渴掘井，做手脚不迭，前路茫茫，胡钻乱撞。苦哉苦哉。（黄檗禅师）

⊙鼻有墨点，对镜恶墨，但揩于镜，其可得耶？好恶是非，对之前境，不了自心，但尤于境，其可得耶？洗分别之鼻墨，则一镜圆净矣。万境咸真矣。执石成宝矣。众生即佛矣。（飞锡法师）

⊙修行人大忌说人长短是非，乃至一切世事非干己者，口不可说，心不可思。但口说心思，便是昧了自己。若专炼心，常搜己过，那得工夫管他家屋里事？粉骨碎身，唯心莫动。收拾自心如一尊木雕圣像坐在堂中，终日无人亦如此。旛盖簇拥香花供养亦如此。赞叹亦如此。毁谤亦如此。修行人常

常心上无事，时时刻刻体究自己本命元辰端的处。（盘山禅师）

⊙元无我人，为谁贪嗔？（圭峰法师）

⊙报缘虚幻，不可强为。浮世几何，随家丰俭。苦乐逆顺，道在其中。动静寒温，自愧自悔。（佛眼禅师）

⊙学道人逐日但将检点他人底工夫，常自检点，道业无有不办，或喜或怒或静或闹，皆是检点时节。（大慧禅师）

⊙化人问幻士，谷响答泉声，欲达吾宗旨，泥牛水上行。（永明禅师）

永明禅师画像

⊙千峰顶上一茅屋，老僧半间云半间，昨夜云随风雨去，到头不似老僧闲。（归宗芝庵禅师）

⊙过去事已过去了，未来不必预思量；只今便道即今句，梅子熟时栀子香。（石屋禅师）

⊙即今休去便休去，若觅了时无了时。（云峰禅师）

⊙琐琐含生营营来去者，等彼器中蚊蚋，纷纷狂闹耳。一化而生，再化而死，化海漂荡，竟何所之？梦中复梦，长夜冥冥，执虚为实，曾无觉日，不有出世之大觉大圣，其孰与而觉之欤？（仁潮禅师）

⊙纵宿业深厚，不能顿断，当方便制抑，自劝自心。（妙禅师）

⊙放开怀抱，看破世间，宛如一场戏剧，何有真实？（莲池大师）

⊙达宿缘之自致，了万境之如空，而成败利钝，兴味萧然矣。（莲池大师）

⊙伊庵权禅师用功甚锐。至晚，必流涕曰：今日又只恁么空过，未知来日工夫如何？师在众，不与人交一言。（莲池大师）

⊙畏寒时欲夏，苦热复思冬，妄想能消灭，安身处处同。草食胜空腹，茅堂过露居，人生解知足，烦恼一时除。（莲池大师）

⊙人之过恶深重者，亦有效验。或心神昏塞转头即忘；或无事而常烦恼；或见君子而赧然消沮；或闻正论而不乐；或施惠而人反怨；或夜梦颠倒；甚则妄言失志，皆作孽之相也。苟一类此，即须奋发，舍旧图新，幸勿自误！（袁了凡）

⊙只“强顺人情，勉就世故”八个字，误却你一生大事。道业未成，无常至速！急宜敛迹韬光，一心向道，不得再误！（西方确指）

⊙深潜不露，是名持戒，若浮于外，未久必败。有口若哑，有耳若聋，绝群离俗，其道乃崇。（西方确指）

⊙种种恶逆境界，尽情看作真实受益之处。名利、声色、饮食、衣服、赞誉、供养种种顺情境界，尽情看作毒药毒箭（蕅

益大师）

⊙将身心世界全体放下，作一超方特达之观。（蕅益大师）

⊙善友罕逢，恶缘偏盛，非咬钉嚼铁，刻骨镂心，何以自拔哉？（蕅益大师）

⊙何不趁早放下幻梦尘劳，勤修戒定智慧？（蕅益大师）

⊙勿贪世间文字诗词而碍正法！勿逐悭、贪、嫉妒、我慢，鄙覆习气，而自毁伤！（蕅益大师）

⊙内不见有我，则我无能；外不见有人，则人无过；一味痴呆，深自惭愧！劣智慢心痛自改革！（蕅益大师）

⊙篱菊数茎随上下，无心整理任他黄，后先不与时花竞，自吐霜中一段香。（诵帚禅师）

⊙从今以后，愿遁世不见知而不悔，作一斋公斋婆，向厨房灶下安隐过日，今生不敢复作度人妄想（彭二林）

⊙幸赖善缘得闻法要，此千生万劫转凡成圣之时。尚复

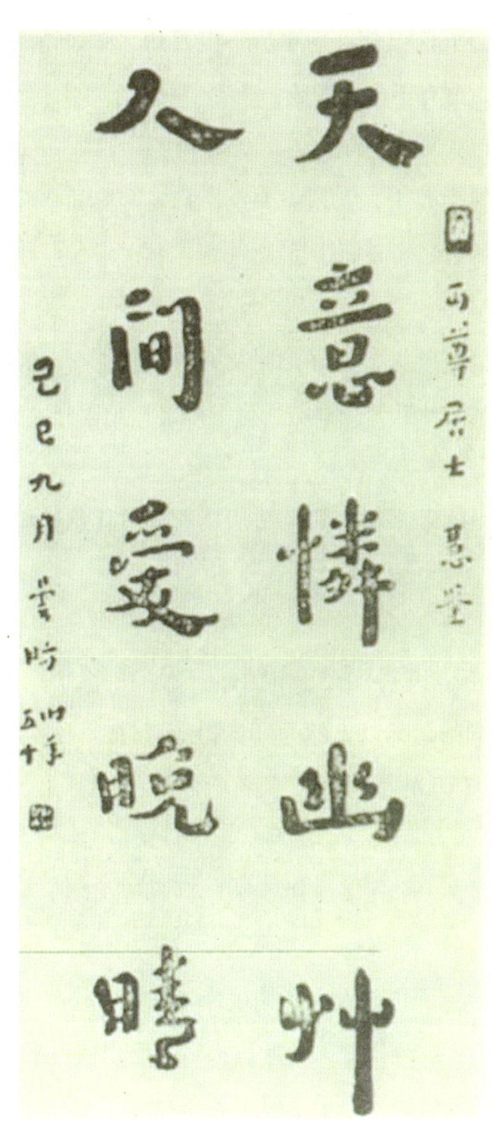

李叔同书法

徘徊歧路，乍前乍却，则更历千生万劫，亦如是而止耳！况辗转沦陷，更有不可知者哉？（彭二林）

⊙轮转生死中，无须臾少息，犹复熙熙如登春台，曾不知佛与菩萨为之痛心而惨目也。（彭二林）

⊙汝信心颇深，但好张罗及好游、好结交，实为修行一大障，祈沉潜杜默，则其益无量。戒之！（印光大师）

⊙汝是何等根机，而欲法法咸通耶？其急切纷扰，久则或致失心。（印光大师）

⊙当主敬存诚，于二六时中，不使有一念虚浮怠忽之相，及与世人酬酢，唯以忠恕为怀，则一切时，一切处，恶念自无从而起。（印光大师）

⊙直须将一个死字挂到额颅上。（印光大师）

⊙若善男子、善女人，闻说净土法门，心生悲喜，身毛为竖如拔出者。当知此人，此过去宿命已作佛道来也。（无量清净平等觉经依迦才净土论引文）

⊙汝今亦可自厌生死老病痛苦，恶露不浮，无可乐者！（无量寿经）

⊙无忧恼处，我当往生，不乐阎浮提浊恶世也。（观无量寿佛经）

⊙才有病患，莫论轻重，便念无常，一心待死。（善导大师）

⊙我未曾见闻，慈悲而行恼，互共相嗔恚，愿生阿弥陀。若人如恒河，恶口加刀杖，如是皆能忍，则生清净土。（诸法无行经）

⊙生宏律范，死归安养，平生所得，唯二法门。（灵芝元照律师）

⊙凡闻恶声，则念阿弥陀佛以消禳之，愿一切人不为恶行。凡见善事，则念阿弥陀佛以赞助之，愿一切人皆为善行。无事则默念阿弥陀佛，常在目前，便念念不忘。能如此者，其于净土决定往生。（王龙舒）

⊙人生能有几时？电光眨眼便过！趁未老未病，抖身心，拨世事；得一日光景，念一日佛名；得一时工夫，修一时净业；

由他命终，我之盘缠预办，前程稳当了也。若不如此，后悔难追！（天如禅师）

⊙如就刑戮，若在狴牢，怨贼所追，水火所逼；一心求救，愿脱苦轮。（天如禅师）

⊙于此土声色诸境，作地狱想、苦海想、火宅想。诸宝物作苦具想。饮食衣服，如脓血铁皮想。（妙什禅师）

⊙此界释迦已灭，弥勒未生，贤圣隐伏。众生奔波苦海，犹失父之儿，若不以极乐愿王为归，谁为救护？（妙什禅师）

⊙闻教便行，奚待更劝？（妙什禅师）

⊙唯名闻利养，甜爱软贼，及嗔心嗔火；虽有佛力，不能救焉！行者当深加精进，以攘却之！（妙什禅师）

⊙又复当护人心，勿使夸嫌，动用自若；息世杂善，不贪名利，将过归己，捐弃伎能，唯求往生。（妙什禅师）

⊙娑婆有一爱之不轻，则临终为此爱所牵；矧多爱乎？极乐有一念之不一，则临终为此念所转；矧多念乎？（幽溪法师）

西方极乐世界图

⊙若生恩爱时，当念净土眷属无有情爱，何当得生净土？远离此爱。若生嗔恚时，当念净土眷属无有触恼，何当往生净土？得离此嗔。若受苦时，当念净土无有众苦，但受诸乐。若受乐时，当念净土之乐，无央无待。凡历缘境，皆以此意而推广之，则一切时处，无非净土之助行也。（幽溪法师）

⊙如何说得娑婆苦？苦事纷纷等猬毛！（西斋禅师）

⊙当屏人独处，自办道业，以设像为师，经论为侣。（袁宏道）

⊙五浊恶世，寒热苦恼，秽相熏炙，不容一刻居住。（袁宏道）

⊙问:人不信净土,恐只是本来福薄？答:此言甚是！（莲池大师）

⊙余下劣凡夫，安分守愚，平生所务，唯是南无阿弥陀佛六字。今老矣！倘有问者，必以此答。（莲池大师）

⊙当生大欢喜，切勿怀忧恼，万缘俱放下，但 心念佛。往生极乐国，上品莲花生，见佛悟无生，还来度一切。（莲池大师）

⊙世情淡一分，佛法自有一分得力。娑婆活计轻一分，生西方便有一分稳当。弹指归安养，阎浮不可留。（蕅益大师）

⊙归命大慈父，早出娑婆关。（蕅益大师）

⊙世之最可珍重者，莫过精神；世之最可爱惜者，莫过光阴；一念净即佛界缘起，一念染即九界生因，凡动一念即十界种子，可不珍重乎？是日已过，命亦随减，一寸时光即一寸命光，可不爱惜乎？苟知精神之可珍重，则不浪用，则念念执持佛名。光阴不虚度，则刻刻薰修净业。（彻悟禅师）

⊙悲哉众生！欲念未除，道根日坏。佛之视汝，将何以堪？（彭二林）

⊙子等归向极乐，全须打得一副全铁心肠，外不为六尘所染；内不为七情所锢；污泥中便有莲花出现也。（彭二林）

⊙莲花种子，荣悴由人。时不相待，珍重！珍重！（彭二林）

⊙上品见佛速，下品见佛迟，虽有迟速异，终无退转时。参禅病着相，念佛贵断疑，实实有净土，实实有莲池。（张守约）

⊙念阿弥陀佛，正觉圆满之名；观极乐世界，清净庄严

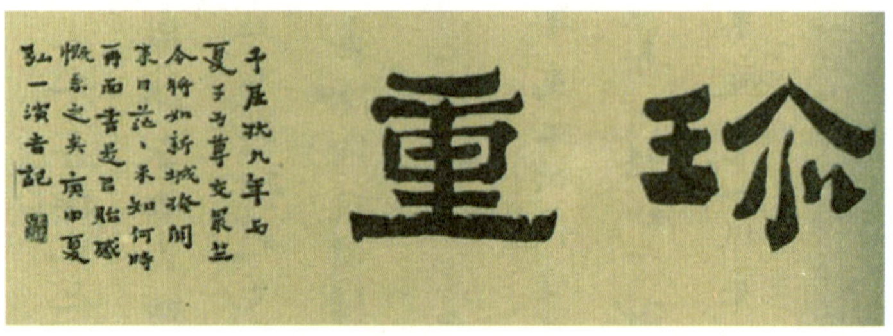

弘一法师手书珍重

之相；如此滞着，只怕未能切实；果能切实，则世间种种幻化妄缘，自当远离。（悟开禅师）

⊙随忙随闲，不离弥陀名号，顺境逆境，不忘往生西方（印光法师。以下悉同）

⊙诚与恭敬，实为超凡入圣，了生脱死之极妙秘诀。

⊙业障重、贪嗔盛、体弱、心怯、但能一心念佛，久之自可诸疾咸愈。

⊙佛固不见弃于罪人，当承兹行以往生耳。

⊙须信娑婆实实是苦，极乐实实是乐，深信佛言，了无疑惑。

⊙应发切实誓愿，愿离娑婆苦，愿得极乐乐。其愿之切，当如堕厕坑之急求出离；又如系牢狱之切念家乡；己力不能自出，必求有大势力者提拔令出。

⊙业识未消，三昧未成，纵谈理性，终成画饼。

⊙入理深谈，且缓数年！

⊙一句南无阿弥陀佛，只要念得熟，成佛尚有余裕！不学他法，又有何憾？

⊙汝虽于净土法门，颇生信心；然犹有好高骛胜之念头，未能放下，而未肯以愚夫愚妇自命。

⊙其有平日自命通宗通教，视净土若秽物，恐其污己者；临终多是手忙脚乱，呼爷叫娘。

⊙汝妄想之心遍天遍地，不知息心念佛，所谓向外驰求，不知返照回光。

⊙今见好心出家在家四众，多是好高骛远，不肯认真专修净业，总由宿世善根浅薄，今生未遇通人。

⊙当今之时，其世道局势，有如安卧积薪之上，其下已发烈火，尚犹悠忽度日，不专志求救于一句佛号，其知见之浅近甚矣。

⊙心跳恶梦，乃宿世恶业所现之兆。然现境虽有善恶，转变在乎自己，恶业现而专心念佛，则恶因缘为善因缘。

⊙当恪守净宗列祖成规，持斋念佛，改恶修善，知因识果，植福培德，以企现生消除业障，临终正念往生，庶不虚此一生，及亲为如来弟子耳。

⊙但当志心念佛，以消旧业，断不可起烦躁心，怨天尤人。

⊙具缚凡夫，若无贫穷疾病等苦，将日奔驰于声色名利之场而莫之能已。谁肯于得意烜赫之时，回首作未来沉溺之想乎？

⊙欲得佛法实益，须向恭敬中求，有一分恭敬，则消一分罪业，增一分福慧。

⊙念佛要时常作将死、将堕地狱想，则不恳切亦自恳切，不相应亦自相应，以怖苦心念佛，即是出苦第一妙法，亦是随缘消业第一妙法。

⊙末法众生，无论有善根无善根，皆当决定专修净土；善根有，固宜努力，无，尤当笃培。

⊙汝须自知好歹，修行要各尽其分，潜修默契方可，急急改过摄心念佛。

夏丏尊、丰子恺等集资为弘一大师修建的晚晴山房

格言别录

学问类：

1. 为善最乐，读书便佳。

2. 茅鹿门云：人生在世，多行救济事，则彼之感我，中怀倾倒，浸入肝脾。何幸而得人心如此哉！

3. 诸君到此何为，岂徒学问文章，擅一艺微长，便算读书种子？在我所求亦恕，不过子臣弟友，尽五伦本分，共成名教中人。

4. 何谓至行？曰：庸行。何谓大人？曰：小心。

5. 凛闲居以体独，卜动念以知己，谨威仪以定命，敦大伦以凝道，备百行以考德，迁善改过以作圣。（刘忠介《人谱》）

6. 观天地生物气象，学圣贤克己工夫。

存养类：

1. 自家有好处，要掩藏几分，这是涵育以养深。别人不好处，要掩藏几分，这是浑厚以养大。

2. 以虚养心，以德养身，以仁养天下万物，以道养天下万世。

3. 一动于欲，欲迷则昏。一任乎气，气偏则戾。

4. 刘直斋云：存心养性，须要耐烦耐苦，耐惊耐怕，方得纯熟。

5. 寡欲故静，有主则虚。

6. 不为外物所动之谓静，不为外物所实之谓虚。

7. 宜静默，宜从容，宜谨严，宜俭约。

李叔同书法

8. 敬守此心，则心定。敛抑其气，则气平。

9. 青天白日的节义，自暗室屋漏中培来。旋乾转坤的经纶，自临深履薄处得力。

10. 谦退是保身第一法，安详是处世第一法，涵容是待人第一法，恬淡是养心第一法。

11. 刘念台云：涵养，全得一缓字，凡言语，动作皆是。

12. 应事接物，常觉得心中有从容闲暇时，才见涵养。

13. 刘念台云：易喜易怒，轻言轻动，只是一种浮气用事，此病根最不小。

14. 吕新吾云：心平气和四字，非有涵养者不能做，工夫只在个定火。

15. 陈榕门云:定火工夫,不外以理制欲。理胜,则气平矣。

16. 自处超然，处人蔼然。无事澄然，有事斩然。得意淡然，失意泰然。

17. 气忌盛，心忌满，才忌露。

18. 意粗性躁，一事无成。心平气和，千祥并集。

19. 冲繁地，顽钝人，拂逆时，纷杂事，此中最好养火。若决烈愤激，不但无益，而事卒以偾，人卒以怨，我卒以无成，是谓至愚。耐得过时，便有无限受用处。

20. 人性褊急则气盛，气盛则心粗，心粗则神昏，乖桀谬戾，可胜言哉?

21. 以和气迎人，则乖火。以止气接物，则妖氛消。以浩气临事，则疑畏释。以静气养身，则梦寐恬。

22. 轻当矫之以重，浮当矫之以实，褊当矫之以宽，躁急当矫之以和缓，刚暴当矫之以温柔，浅露当矫之以沉潜，刻薄当矫之以浑厚。

23. 尹和靖云：莫大之祸，皆起于须臾之不能忍，不可不谨。

24. 逆境顺境看襟度，临喜临怒看涵养。

持躬类：

1. 聪明睿知，守之以愚。道德隆重，守之以谦。

2. 富贵，怨之府也。才能，身之灾也。声名，谤之媒也。欢乐，悲之渐也。

3. 只是常有惧心，退一步做，见益而思损，持满而思溢，则免于祸。

4. 人生最不幸处，是偶一失言，而祸不及；偶一失谋，而事幸成；偶一恣行，而获小利。后乃视为故常，而恬不以为意。则莫大之患，由此生矣。

5. 学一分退让，讨一分便宜。增一分享用，减一分福泽。

6. 不自重者取辱，不自畏者招祸。

7. 盖世功劳，当不得一个矜字。弥天罪恶，当不得一个悔字。

8. 大着肚皮容物，立定脚跟做人。

9. 事当快意处须转，言到快意时须住。

10. 殃咎之来，未有不始于快心者。故君子得意而忧，逢喜而惧。

11. 物忌全胜，事忌全美，人忌全盛。

12. 尽前行者地步窄，向后看者眼界宽。

13. 花繁柳密处拨得开，方见手段。风狂雨骤时立得定，才是脚跟。

14. 人当变故之来，只宜静守，不宜躁动。即使万无解救，而志正守确，虽事不可为，而心终可白。否则必致身败，而名亦不保，非所以处变之道。

弘一法师晚年留影

15. 步步占先者，必有人以挤之。事事争胜者，必有人以挫之。

16. 安莫安于知足，危莫危于多言。

17. 行己恭，责躬厚，接众和，立心正，进道勇。择友以求益，改过以全身。

18. 度量如海涵春育，持身如玉洁冰清，襟抱如光风霁月，气概如乔岳泰山。

19. 心不妄动，身不妄动，口不妄动，君子所以存诚。内不欺己，外不欺人，上不欺天，君子所以慎独。

20. 心志要苦，意趣要乐，气度要宏，言动要谨。

21. 心术以光明笃实为第一，容貌以正大老成为第一，言语以简重真切为第一。平生无一事可瞒人，此是大快。

22. 书有未曾经我读，事无不可对人言。

23. 心思要缜密，不可琐屑。操守要严明，不可激烈。

24. 聪明者戒太察，刚强者戒太暴。

25. 以情恕人，以理律己。

26. 以恕己之心恕人，则全交。以责人之心责己，则寡过。

27. 唐荆川云：须要刻刻检点自家病痛，盖所恶于人许多病痛处，若真知反己，则色色有之也。

28. 以淡字交友，以聋字止谤，以刻字责己，以弱字御侮。

29. 居安虑危，处治思乱。

30. 事事难上难，举足常虞失坠。件件想一想，浑身都是过差。

31. 怒宜实力消融，过要细心检点。

32. 事不可做尽，言不可道尽。

33. 胡文定公曰：人家最不要事事足意，常有事不足处方好。才事事足意，便有不好事出来，历试历险。邵康节诗云："好花看到半开时"，最为亲切有味。

34. 精细者，无苛察之心，光明者，无浅露之病。

35. 识不足则多虑，威不足则多怒，信不足则多言。

36. 足恭伪态，礼之贼也。苛察歧疑，智之贼也。

37. 缓字可以免悔，退字可以免祸。

敦品类

敦诗书，尚气节，慎取与，谨威仪，此惜名也。竞标榜，邀权贵，务矫激，习模棱，此市名也。惜名者，静而休。市名者，躁而拙。辱身丧名，莫不由此。求名适所以坏名，名岂可市哉！

处事类

1. 处难处之事愈宜宽，处难处之人愈宜厚，处至急之事愈宜缓。

2. 必有容，德乃大。必有忍，事乃济。

3. 吕新吾云：做天下好事，既度德量力，又须审势择人。专欲难成，众怒难犯——此八字，不独妄动邪为者宜慎，虽以至公无私之心，行正大光明之事，亦须调剂人情，发明事理，俾大家信从，然后动有成，事可久。盖群情多暗于远识，小人不便于私己，群起而坏之，虽有良法，胡成胡久？

4. 强不知以为知，此乃大愚。本无事而生事，是谓福薄。

5. 白香山诗云：我有一言君记取，世间自取苦人多。

6. 无事时，戒一“偷”字。有事时，戒一“乱”字。

7. 刘念台云：学者遇事不能应，总是此心受病处。只有炼心法，更无炼事法。炼心之法，大要只是胸中无一事而已。无一事，乃能事事，此是主静工夫得力处。

弘一法师与弟子留影

8. 处事大忌急躁，急躁则先自处不暇，何暇治事？

9. 论人当节取其长，曲谅其短。做事必先审其害，后计其利。

10. 无心者公，无我者明。

接物类

1. 严着此心以拒外诱，须如一团烈火，遇物即烧。宽着此心以待同群，须如一片春阳，无人不暖。

2. 凡一事而关人终身，纵确见实闻，不可着口。凡一语而伤我长厚，虽闲谈戏谑，慎勿形言。结怨仇，招祸害，伤阴骘，皆由于此。

3. 持己当从无过中求有过，非独进德，亦且免患。待人当于有过中求无过，非但存厚，亦且解怨。

4. 遇事只一味镇定从容，虽纷若乱丝，终当就绪。待人无半毫矫伪欺诈，纵狡如山鬼，亦自献诚。

5. 公生明，诚生明，从容生明。

6. 公生明者，不敝于私也。诚生明者，不杂以伪也。从容生明者，不淆于惑也。

7. 穷天下之辩者，不在辩而在讷。伏天下之勇者，不在勇而在怯。

8. 何以息谤？曰：无辩。何以止怨？曰：不争。

9. 人之谤我也，与其能辩，不如能容。人之侮我也，与其能防，不如能化。

10. 张梦复云：受得小气，则不至于受大气。吃得小亏，则不至于吃大亏。

11. 云：凡事最不可想占便宜。便宜者，天下人之所共争也。我一人据之，则怨萃于我矣。我失便宜，则众怨消矣。故终身失便宜，乃终身得便宜也。此余数十年阅历有得之言，其遵守之，毋忽。余生平未尝多受小人之侮，只有一善策，能转弯早耳。

12. 忍与让，足以消无穷之灾悔。古人有言：终身让路，不失尺寸。

13. 以仁义存心，以忍让接物。

14. 林退斋临终，子孙环跪请训。曰：无他言，尔等只要学吃亏。

15. 任难任之事，要有力而无气。处难处之人，要有知而无言。

16. 穷寇不可追也，遁词不可攻也。

17. 恩怕先益后损，威怕先松后紧。

18. 先益后损，则恩反为仇，前功尽弃。先松后紧，则管束不下，反招怨怒。

19. 善用威者不轻怒，善用恩者不妄施。

20. 宽厚者，毋使人有所恃。精明者，不使人无所容。

21. 轻信轻发，听言之大戒也。愈激愈厉，责善之大戒也。

22. 吕新吾云：愧之则小人可使为君子，激之则君子可使为小人。

23. 激之而不怒者，非有大量，必有深机。

24. 处事须留余地，责善切戒尽言。

25. 曲木恶绳，顽石恶攻。责善之言，不可不慎也。

26. 吕新吾云：责善要看其人何如，又当尽长善救失之道。无指摘其所忌，无尽数其所失，无对人，无峭直，无长言，无累言。犯此六戒，虽忠告非善道矣。

27. 又云：论人须带三分浑厚。非直远祸，亦以留人掩盖之路，触人悔悟之机，养人体面之余，犹天地含蓄之气也。

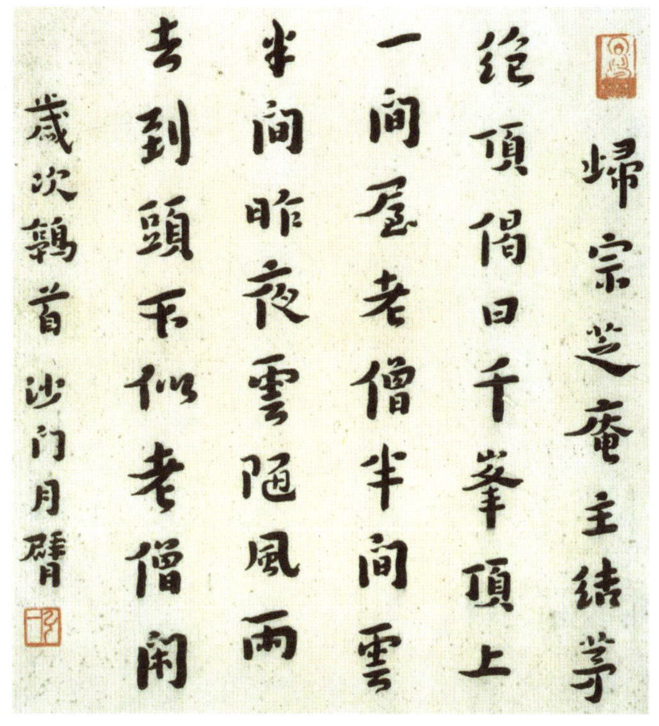

28. 使人敢怒而不敢言者，便是损阴骘处。

29. 凡劝人，不可遽指其过，必须先美其长，盖人喜则言易入，怒则言难入也。善化人者，心诚色温，气和辞婉；容其所不及，而谅其所不能，恕其所不知，而体其所不欲；随事讲说，随时开导。彼乐接引之诚，而喜于所好；感督责之宽，而愧其不材。人非木石，未有不长进者。我若疾恶如仇，彼亦趋死如鹜，虽欲自新而不可得，哀哉！

30. 先哲云：觉人之诈，不形于言；受人之侮，不动于色。此中有无穷意味，亦有无限受用。

31. 喜闻人过，不如喜闻己过。乐道己善，何如乐道人善。

32. 论人之非，当原其心，不可徒泥其迹。取人之善，当据其迹，不必深究其心。

33. 吕新吾云：论人情，只向薄处求；说人心，只从恶边想。此是私而刻的念头，非长厚之道也。

34. 修己以清心为要，涉世以慎言为先。

35. 恶莫大于纵己之欲，祸莫大于言人之非。

36. 施之君子，则丧吾德。施之小人，则杀吾身。（案此指言人之非者）

37. 人褊急，我受之以宽宏。人险仄，我待之以坦荡。

38. 持身不可太皎洁，一切污辱垢秽要茹纳得。处世不可太分明，一切贤愚好丑要包容得。

39. 精明须藏在浑厚里作用。古人得祸，精明人十居九，未有浑厚而得祸者。

40. 德盛者，其心和平，见人皆可取，故口中所许可者多。德薄者，其心刻傲，见人皆可憎，故目中所鄙弃者众。

41. 吕新吾云：世人喜言无好人，此孟浪语也。推原其病，皆从不忠不恕所致，自家便是个不好人，更何暇责备他人乎？

42. 律己宜带秋气，处世须带春风。

43. 盛喜中勿许人物，盛怒中勿答人书。

44. 喜时之言多失信，怒时之言多失体。

45. 静坐常思己过，闲谈莫论人非。

46. 面谀之词，有识者未必悦心。背后之议，受憾者常若刻骨。

47. 攻人之恶毋太严，要思其堪受。教人以善毋过高，当使其可从。

48. 事有急之不白者，缓之或自明，毋急躁以速其戾。人有操之不从者，纵之或自化，毋苛刻以益其顽。

49. 己性不可任，当用逆法制之，其道在一忍字。人性不可拂，当用顺法调之，其道在一恕字。

50. 临事需替别人想，论人先将自己想。

51. 欲论人者先自论，欲知人者先自知。

52. 凡为外所胜者，皆内不足。凡为邪所夺者，皆正不足。

53. 今人见人敬慢，辙生喜愠心，皆外重者也。此迷不破，胸中冰炭一生。

54. 小人乐闻君子之过，君子耻闻小人之恶。此存心厚薄之分，故人品因之而别。

55. 惠不在大，在乎当厄。怨不在多，在乎伤心。

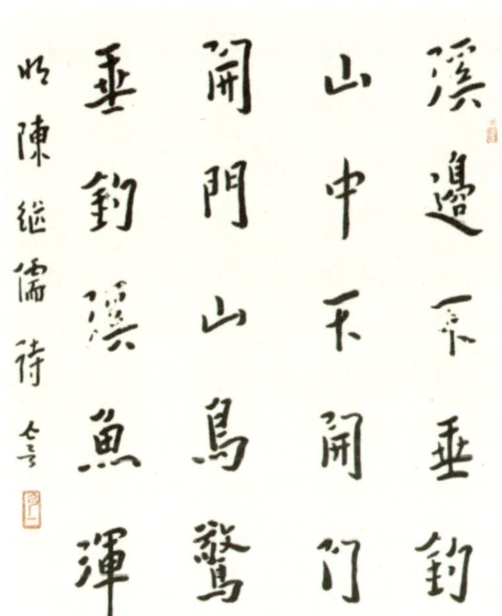

56. 毋以小嫌疏至戚，毋以新怨忘旧恩。

57. 刘直斋云：好合不如好散，此言极有理。盖合者，始也；散者，终也。至于好散，则善其终矣。凡处一事，交一人，无不皆然。

惠吉类

1. 群居守口，独坐防心。

2. 造物所忌，曰刻曰巧。万类相感，以诚以忠。

3. 谦卦六爻皆吉，恕字终身可行。

4. 知足常足，终身不辱。知止常止，终身不耻。

5. 明镜止水以澄心，泰山乔岳以立身，青天白日以应事，霁月光风以待人。

悖凶类

盛者衰之始，福者祸之基。

图书在版编目（CIP）数据

李叔同的禅语与修身 / 李叔同著. —南京：译林出版社，2016.3

ISBN 978-7-5447-6211-3

Ⅰ. ①李… Ⅱ. ①李… Ⅲ. ①李叔同（1880～1942）－人生哲学 Ⅳ. ①B821

中国版本图书馆CIP数据核字（2016）第035626号

书　　名 李叔同的禅语与修身
作　　者 李叔同
责任编辑 陆元昶
特约编辑 马　征
出版发行 凤凰出版传媒股份有限公司
译林出版社
出版社地址 南京市湖南路1号A楼，邮编：210009
电子邮箱 yilin@yilin.com
出版社网址 http://www.yilin.com
经　　销 凤凰出版传媒股份有限公司
印　　刷 北京天恒嘉业印刷有限公司
开　　本 889×1270毫米　1/16
印　　张 19.5
字　　数 90千字
版　　次 2016年3月第1版　2023年12月第7次印刷
书　　号 ISBN 978-7-5447-6211-3
定　　价 39.80元